猪病防控技术

主　审　陈　章　李炯光

主　编　赵婵娟　何先林　陈亚强

副主编　鄢行安　张　超　万　向

　　　　程邓芳　李文娟　罗永莉

合肥工业大学出版社

图书在版编目(CIP)数据

猪病防控技术/赵婵娟,何先林,陈亚强主编.—合肥:合肥工业大学出版社,2022.10(2025.8重印).

ISBN 978-7-5650-5391-7

Ⅰ.①猪…　Ⅱ.①赵…②何…③陈…　Ⅲ.①猪病—防治　Ⅳ.①S858.28

中国版本图书馆CIP数据核字(2021)第144104号

猪病防控技术

主编　赵婵娟　何先林　陈亚强	责任编辑　袁　媛
出　版　合肥工业大学出版社	版　次　2022年10月第1版
地　址　合肥市屯溪路193号	印　次　2025年8月第6次印刷
邮　编　230009	开　本　787毫米×1092毫米　1/16
电　话　职业教育出版中心:0551-62903120	印　张　9.25
营销与储运管理中心:0551-62903198	字　数　168千字
网　址　www.hfutpress.com.cn	印　刷　安徽联众印刷有限公司
E-mail　hfutpress@163.com	发　行　全国新华书店

ISBN 978-7-5650-5391-7　　　　　　　　　　　　定价:35.00元

如果有影响阅读的印装质量问题,请与出版社营销与储运管理中心联系调换。

编 委 会

主　　编　赵婵娟（重庆三峡职业学院）

　　　　　何先林（重庆三峡职业学院）

　　　　　陈亚强（重庆三峡职业学院）

副主编　鄢行安（重庆三峡学院）

　　　　　张　超（重庆三峡职业学院）

　　　　　万　向（重庆三峡职业学院）

　　　　　程邓芳（重庆三峡职业学院）

　　　　　李文娟（重庆三峡职业学院）

　　　　　罗永莉（重庆三峡职业学院）

参　　编　黄石磊（重庆三峡职业学院）

　　　　　谭素雯（重庆三峡职业学院）

　　　　　郝永峰（重庆三峡职业学院）

　　　　　韩　凯（湖北远昊生物科技有限公司）

　　　　　陈　帅（重庆市荣昌区职业教育中心）

猪病防控技术

　　2021年中央一号文件《中共中央　国务院关于全面推进乡村振兴加快农业农村现代化的意见》（以下简称《意见》）正式发布。《意见》指出，加快构建现代养殖体系，保护生猪基础产能，健全生猪产业平稳有序发展长效机制。然而，随着生猪产业的发展，高度集约化、规模化、产业化的养猪业逐渐成为现代养猪业的特征。与此同时，猪病防控亦成为当前生猪养殖过程中面临的重大难题。

　　为此，我们组织编写了《猪病防控技术》一书。本书分为七章，分别是猪病病理学基础、猪病常用诊断方法、呼吸系统疾病类症鉴别与防治、消化系统疾病类症鉴别与防治、生殖系统疾病类症鉴别与防治、神经系统疾病类症鉴别与防治、运动和被皮系统疾病类症鉴别与防治。本书从各个系统疾病类症出发，在猪病病理基础知识和常用的诊断方法等知识基础上，详细介绍了50种常见疾病的病因、临床症状、病理变化与防治措施。全书内容重点突出，通俗易懂，凸显系统性、科学性与临床实用性，不仅适用于猪场管理人员和兽医工作者阅读，也可作为基层兽医技术人员的参考书，亦适用于职业院校、新型职业农民培训的辅助教参和参考书。

　　鉴于编写团队的学术水准、编写能力有限，以及客观上时间仓促，书中定有疏漏与不妥之处，尚祈有关专家、同仁与广大读者批评指正，谢谢！

编　者

2022年4月

猪病防控技术

猪病防控技术

目录

第一章 猪病病理学基础

猪病的诊断包括流行病学调查、临床症状检查、病理剖检和实验室检查等重要环节，其中病理剖检占有重要的地位。要想通过病理剖检获得对诊断有价值的资料，一定要掌握有关基本病变的知识。本章主要从局部血液循环障碍、细胞和组织退行性病变、炎症、水肿与脱水、酸碱平衡紊乱、黄疸、应激七个方面介绍猪病病理学基础知识。

第一节 局部血液循环障碍

一、充血

充血是小动脉和毛细血管扩张血流加快，以致局部组织内的动脉血增多的一种现象。

病理变化：眼观，发生充血的器官、组织色泽鲜红，体积增大，代谢旺盛，温度升高，机能增强（如腺体或黏膜的分泌增多等），位于体表的血管有明显搏动感。

镜检：小动脉和毛细血管扩张，管腔内充满红细胞，由于充血多见于炎症过程中，故充血局部常见于炎性细胞、渗出液、出血和实质细胞变性坏死等病理变化中。

二、淤血

淤血指静脉回流受阻血液淤积在小静脉和毛细血管内，局部组织静脉血含量增多的现象。

病理变化：眼观，静脉血增加、静脉压升高和氧化不全代谢产物蓄积引起毛细血管壁通透性增大，使血浆外渗形成淤血性水肿；由于静脉血液回流受阻，血流缓慢，动脉血液流入量减少，血氧含量降低，还原血红蛋白增多，故局部多呈暗红色或蓝紫色

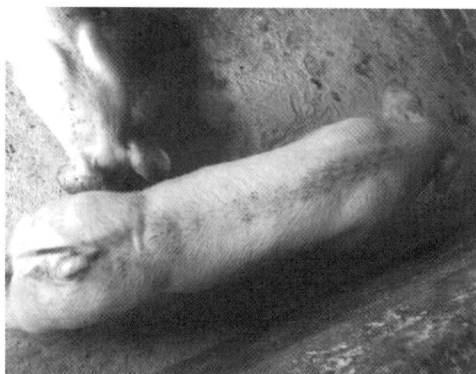

图1-1 皮肤呈暗红色淤血

（图1-1）；因淤血组织缺氧，氧化代谢受阻，产热减少，又因血流缓慢，散热增加，淤血局部温度降低。

镜检：可见淤血组织中的小静脉和毛细血管扩张，血管内充盈大量血液。

三、出血

出血指血液流出心血管以外的现象。血液流出体外，称外出血；血液流入组织间隙或体腔内，称为内出血。根据出血的原因其可分为破裂性出血和渗出性出血。

（一）破裂性出血

1. 外出血

外出血的主要特征是血液流出体外，如外伤时在伤口处可见血液外流或凝血块。肺及气管出血，血液被咳出体外称咳血；消化道出血时，血液经口排出体外称为咳血或呕血；经肛门排出体外称便血；有时肠道出血在肠道菌作用下，粪便呈黑色，称为黑粪症或柏油样便；泌尿道出血时，血液随尿排出，称为尿血。

2. 内出血

血肿破裂性出血时，流出的血液聚积在组织内，挤压周围组织形成了局限性血液团块。血肿常发生在皮下，肌间黏膜下、浆膜下和脏器内，为分界清楚的血凝块，暗红或黑红色。较大的血肿，切面常呈轮层状，或还有未凝固的血液，时间稍久的血肿块外围有结缔组织包膜。

3. 积血

积血指外出的血液进入体腔或管腔内。积血的量不等，常混有凝血块。各种体腔均可发生积血，如心包腔积血、胸腔积血、腹腔积血等。

（二）渗出性出血

渗出性出血时，出血灶呈针尖大的点状者（一般直径不超过1mm），称为出血点或瘀点。出血灶呈斑块状（直径由数毫米至10mm），近似圆形或不规则形者，称为出血斑或瘀斑。

瘀点和瘀斑常见于皮肤、黏膜、浆膜和脑实质，呈红色斑点状（图1-2）。这是由于局部组织的毛细血管及小静脉渗出性出血，红细胞在组织间隙内呈灶状聚集。

1. 出血性浸润

毛细血管壁通透性增高，红细胞弥散性浸润于组织间隙，使出血的局部组织呈大片暗红色，又称为片状出血或弥散性出血。出血性浸润多发生于淤血性水肿时，如胃肠道、子宫等器官的转位。皮肤、黏膜上的紫色瘀斑或片状出血称为紫癜，如急性猪瘟时全身皮肤的斑点状或弥散性出血。新鲜的出血灶呈鲜红色，陈旧的出血灶呈暗红色（红蓝色），以后随红细胞在巨噬细胞中降解形成胆绿素呈暗绿色，最后变成棕黄色的含铁血黄素。

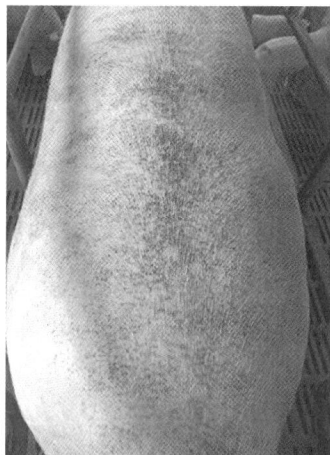

图1-2　皮肤针尖状出血点

2. 出血性素质

出血性素质指机体有全身性渗出性出血倾向，表现为全身皮肤、黏膜、浆膜、各内脏器官都可见出血点。出血性素质多见于急性传染病（如急性猪瘟、急性猪肺疫等）、中毒病（如有机磷中毒、蕨中毒）及原虫病（如焦虫病、弓形体病），并且是这些疾病的特征性病理变化，有诊断价值。

通过镜检观察可知：出血的特征为组织的血管外有红细胞散在或聚集，常见吞噬红细胞与舍铁血黄素的吞噬细胞。

（1）血肿：破裂性出血时，流出的血液聚积在组织内，并挤压周围组织形成局限性血液团块。血肿常发生在皮下，肌间黏膜下、浆膜下和脏器内，为分界清楚的血凝块，暗红或黑红色。较大的血肿，切面常呈轮层状，或还有未凝固的血液，时间稍久的血肿块外围有结缔组织包膜。

（2）出血点：渗出性出血时，出血灶呈针尖大的点状者称为出血点或瘀点（图1-2）。

（3）出血斑：出血灶呈斑块状，近似圆形或不规则形者，称出血斑或瘀斑（图1-3）。

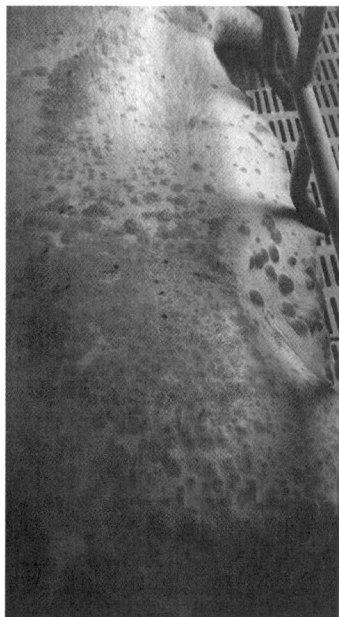

图1-3　皮肤呈不规则瘀斑

第二节 细胞和组织退行性病变

一、萎缩

萎缩是指已经发育成熟的器官或组织由于物质代谢障碍其实质细胞体积缩小、数量减少，最终导致器官或组织体积缩小和功能减退的病理过程。

二、坏死

坏死是指活的机体内局部组织细胞或器官的病理性死亡。细胞生命活动的完全停止，是不可逆的变化。原因有机械性、物理性、化学性、生物性、血管源性及神经营养因素等。坏死可分为凝固性坏死、液化性坏死、坏疽等类型。

（一）凝固性坏死

凝固性坏死以坏死组织发生凝固为特征。在蛋白凝固酶的作用下，坏死组织变成一种灰白或灰黄色，比较干燥而无光泽的凝固物质。坏死组织发生凝固的原理，一般认为是胞浆凝固的结果——细胞的溶酶体酶含量少或水解酶本身受到损害，不能分解坏死组织。也有人认为坏死物质凝固类似分子变性，即与蛋白质受热凝固的原理相似。蛋白质变为不溶性，所以能阻止溶酶体酶的分解作用而保持不溶解。

坏死组织早期由于周围组织液的进入而显肿胀，质地干燥、坚实，坏死区界限清楚，呈灰白或黄白色，无光泽，周围常有暗红色的充血与出血带。显微镜下的主要特征是组织结构的轮廓尚在，但实质细胞的正常结构已消失，坏死细胞的核完全崩解消失，或有部分核碎片残留，胞浆崩解融合为一片淡红色、均质无结构的颗粒状物质。常见的组织凝固性坏死有4种类型：

1. 贫血性梗死

贫血性梗死是一种典型的凝固性坏死，坏死区呈灰白色、干燥，早期肿胀，稍突出于脏器的表面，切面坏死区呈楔形或不规则形，周界清楚。显微镜下，坏死初期，组织结构轮廓仍保留，如肾小球和肾小管的形态依然隐约可见，但实质细胞正常结构已破坏消失。坏死细胞核完全崩解消失，或有部分核碎片残留，胞浆崩解融合成为一片淡红色、均质无结构的颗粒状物质。

2. 干酪样坏死

干酪样坏死的特征为坏死组织崩解彻底，常见于结核分枝杆菌引起的感染，但凝固的蛋白质除外。坏死组织还含有多量脂类物质（来自结核分枝杆菌），外观呈黄色或灰黄色，质地柔软、致密，很像奶酪，故称为干酪样坏死。这是由于存在特殊的脂类和结核分枝杆菌的糖类及磷酸盐能抑制白细胞溶酶体酶的蛋白溶解作用阻止了坏死组织的液化过程，因而能长期保留其干酪样的凝固状态而不溶解。显微镜下，组织的固有结构完全破坏消失，实质细胞和间质细胞都彻底崩解，融合成均质嗜伊红的无定形颗粒状物质。如果坏死灶中有其他细菌继发感染，引起中性粒细胞浸润，干酪样物质可以迅速软化。例如，结核病病灶部位的空洞形成，通常因干酪样坏死继发感染软化产生。

3. 蜡样坏死

蜡样坏死是肌肉组织发生的一种凝固性坏死。眼观，肌肉肿胀、混浊，无光泽，干燥、坚实，呈灰黄色或灰白色，外观像石蜡一样，故称蜡样坏死。此种坏死常见于动物的白肌病，因维生素E和硒缺乏所致。显微镜下，见肌纤维肿胀，胞核溶解，横纹消失，胞浆变成红染、均匀无结构的玻璃样物质，有的还可发生断裂。

4. 脂肪坏死

脂肪坏死是脂肪组织的一种分解变质性变化。常见有胰性脂肪坏死和营养性脂肪坏死。胰性脂肪坏死又称酶解性脂肪坏死，是胰酶外溢并被激活而引起的脂肪组织坏死，常见于胰腺炎或胰腺导管损伤。此时，脂肪被胰脂酶分解为甘油和脂肪酸，前者可被吸收，后者与组织中的钙结合形成不溶性的钙灶。眼观，脂肪坏死部为不透明的白色斑块或结节。光镜下，脂肪细胞只留下模糊的轮廓，内含粉红色颗粒状物质，并见脂肪酸与钙结合形成深蓝色的小球（HE染色）。营养性脂肪坏死多见于患慢性消耗性疾病而呈恶病质状态的动物，全身各处脂肪，尤其是腹部脂肪（肠系膜、网膜和肾周围脂肪）发生坏死。眼观，脂肪坏死部初期为散在的白色细小病灶，以后逐渐增大为白色坚硬的结节或斑块，并可互相融合。陈旧的坏死灶周围有结缔组织包囊形成。其发生机理尚不完全清楚，可能与大量动用体脂而脂肪利用不全致使脂肪酸在局部蓄积有关。

（二）液化性坏死

液化性坏死是指坏死组织因受蛋白分解酶作用，迅速溶解成液体状。此种坏死主要发生于富含水分的组织（如神经组织），其他器官仅在因某种原因水分从周围组织进入坏死组织后方可出现。

（三）坏疽

坏疽是组织发生坏死后，受外界环境影响和不同程度的腐败菌感染而形成的特殊的病理学变化。眼观，病变部位呈黑褐色或黑色，这是腐败菌分解坏死组织产生的硫化氨与血红蛋白中分解出来的铁结合，形成黑色的硫化铁的结果。

1. 干性坏疽

干性坏疽多发生于体表皮肤，尤其是四肢末端、耳廓边缘和尾尖。其特点是坏死的皮肤干燥、变硬，呈褐色或黑色，与相邻健康组织之间有明显的炎症分界线。

2. 湿性坏疽

湿性坏疽又称腐败性坏疽，指坏死组织在腐败菌作用下发生液化。其常见于与外界相通的内脏（如肺、肠、子宫）或皮肤（坏死的同时伴有淤血、水肿），坏死组织含水多，适合腐败菌生长，从而使组织进一步液化而形成湿性坏疽。

3. 气性坏疽

气性坏疽为湿性坏疽的一种特殊类型，即不同部位皮肤和肌肉中形成黑褐色肿胀，周围组织中有气泡。其常见于严重的深部刺创（如阉割、枪伤等）和厌气性细菌（如恶性水肿梭菌、产气荚膜梭菌等）感染。

第三节 炎 症

炎症是机体对各种致炎因素的作用所产生的具有防御意义的应答反应，炎症是一种常见的基本病理过程，是许多疾病的重要组成部分。炎症主要表现为局部组织的变质损伤、血液循环障碍和渗出、组织增生三方面的变化，由此将炎症分为变质性炎症、渗出性炎症和增生性炎症。其影响因素有病毒性因素、细菌性因素、寄生虫性因素、中毒性因素等。

机体对炎症的反应：动物机体对致炎因素的局部损伤所产生的具有防御意义的应答性反应，是疾病损伤因素与抗损伤因素相斗争的具体表现。从免疫学角度分析，炎症过程包括特异性免疫反应。从病理学角度分析，炎症反应包括从最初的组织损伤到血管反应，再到组织适应与修复等一系列连续的病理过程。炎症的临床表现为红、肿、热、痛功能障碍。

一、变质性炎症

变质性炎症是以炎灶组织或细胞出现明显变性、坏死为主，而渗出性和增生性反应表现轻微特征的炎症。这一类炎症主要以心、肝、肾、脑等实质性器官的变质性变化最为明显。

重度感染和中毒等外在原因可引起变质性炎症的出现，如伪狂犬病毒感染、弓形虫感染、沙门氏菌感染、黄曲霉素中毒等；同时过敏性反应和营养不良等内在因素也间接造成变质性炎症，如硒和维生素E的缺乏。

病理变化：变质性炎症的发生会导致器官体积增大，被膜光滑，边缘钝圆形。

二、浆液性炎

浆液性炎是以渗出大量血清为特征的炎症。渗出的浆液中含有3%～5%的蛋白质（主要为白蛋白、少量的球蛋白及纤维蛋白），并混有微量白细胞和脱落的细胞成分。浆液为无色或黄色半透明的液体，轻度混浊，在活体内不发生凝固，被排出体外或动物死亡后浆液转变成为半凝固的胶冻状物，各种理化性因素（烧伤、冻伤、酸碱腐蚀、机械擦伤）以及生物性因素都能够引起浆液性炎症。浆液性炎症可发生于结缔组织、黏膜、浆膜、表皮及肺脏中。

发生于结缔组织的，称为变性水肿，如猪水肿病。皮下结缔组织发生炎性水肿时，局部肿胀，并可见面团样凹陷；腔性器官管壁内结缔组织水肿可造成管壁增厚。组织学变化表现为血管管腔、淋巴管管腔扩张，结缔组织胶原纤维的排列变松，空隙增大，其间充满浆液和絮状物以及浸润细胞，继之胶原纤维肿胀、解离和断裂分解，网状结构消失。

发生在黏膜的，称为浆液性卡他，常发生于消化道、呼吸道、生殖道的黏膜层，如急性咽型炭疽。大体变化表现为黏膜表面附有大量稀薄透明的浆液性渗出物，黏膜肿胀，管壁肥厚，略有透明感。组织学变化可见黏膜上皮细胞变性、坏死、脱落，固有层血管充血、出血及炎性细胞浸润。发生在浆膜时，称为浆膜腔炎性积液。由于浆膜层毛细血管出现渗出性变化，渗出的浆液可经浆膜进入并积聚于浆膜腔内，造成体腔（胸腔、腹腔、关节腔、颅腔）积液，严重时可充满浆膜腔并压迫腔内的脏器，引起机体功能障碍，如副猪嗜血杆菌感染时出现的胸腔积液伴随出血，浆液可呈现血色。组织学变化可见间皮细胞肿胀、变性、坏死和剥落，导致浆膜面粗糙，失去固有光泽。发生在皮肤时，浆液呈灶性蓄积，可引起肉眼可见的水疱。如发生口蹄疫时，皮肤棘细胞发生水疱变性和液化崩解，液体将表层上皮拱起而形成水疱，小水疱可融合为大水疱，水疱破裂转变成溃疡。发生在肺脏时，可引起浆液性肺炎，浆液性渗出物可分布于肺泡腔及间质内，如2型猪圆环病毒感染时出现的肺水肿。

三、纤维素性炎

纤维素性炎是指渗出物中含有大量纤维素的渗出性炎症。浆液性炎症持续发展，逐渐有纤维蛋白原渗出。渗出的纤维蛋白原在受损伤组织释放出的各种酶的作用下凝结形成不溶性纤维蛋白，发生炎症时通常将析出的纤维蛋白称为纤维素。该病主要是由病原微生物感染所引起的，例如猪巴氏杆菌感染引起的纤维素性胸膜肺炎，猪瘟或猪副伤寒感染引起的纤维素性坏死性肠炎等。

病理变化

纤维素性炎症多伴有组织坏死，依照组织坏死程度的不同可分为浮膜性炎、固膜性炎两种。

1. 浮膜性炎

组织坏死程度轻微的纤维素性炎症，多发生于胸膜及心包等浆膜部位，病变部浆膜间皮细胞肿胀、变性和剥落。渗出到浆膜表面的纤维素与坏死的间皮凝结成膜状物（伪膜），初期伪膜呈灰色软的网状，随着渗出的纤维素不断增多，伪膜不断增厚和变得致密，伪膜易剥落，病变部呈暗红色，干燥，混浊，无光泽，不出现明显的组织缺损。此时，浆膜腔内出现数量不等的纤维素浆液，病程持续过久时仅见有纤维素。当发生于心外时，心脏的搏动，附着的纤维素也随之搏动，这种绒毛状外观的心脏，称为绒毛心。如副猪嗜血杆菌感染常造成此种病理变化。浮膜性炎发生于咽喉、气管、肠道、膀胱、子宫等黏膜时，亦可见由渗出纤维白细胞和坏死的上皮细胞形成的伪膜覆于黏膜表面，这种伪膜容易剥离，且常自然翘起，呈半游离状态。伪膜脱落后，该部位黏膜潮红、水肿、失去光泽，除部分上皮细胞坏死脱落外，不会伴有深层组织的缺损。

浮膜性炎发生在肺脏时，称为纤维素性肺炎。肺泡壁毛细血管充血，渗出的纤维素在肺泡内凝结成网状，致肺脏质地变硬，通常称之为肝变。纤维素性肺炎的发生伴随不同病理变化的出现，典型纤维素性肺炎可分为充血期、红色肝变期、灰色肝变期和消散期四个阶段。浆膜发生浮膜性炎时，随着炎症消退，浆液可被吸收，纤维素可被白细胞释放出的蛋白酶溶解。但当纤维素渗出过多时，可被自身肉芽组织取代而发生机化，造成浆膜肥厚或脏器之间的粘连。而黏膜发生浮膜性炎时，表面形成的伪膜一般不发生机化现象，而是通过炎性反应，脱离后被排出体外，上皮再生而完全治愈。肺脏发生浮膜性炎时，纤维素被肉芽组织取代，便可造成肺组织的肉变（图1-4）。

2. 固膜性炎

固膜性炎是一种伴随严重组织损伤的纤维素性炎，又称为纤维素性坏死性炎。与浮膜性炎不同，它只发生于黏膜，亦形成伪膜，但黏膜组织坏死程度严重，并可达深层组织。伪膜与深层活组织交错，故不易剥离。若强行剥离膜则会出现较深溃疡和出血，有时坏死可达管壁的肌层甚至浆膜下，造成管腔穿孔。根据固膜性炎的波及范围，可将其分为局灶型和弥漫型两种。发生局灶型固膜性炎时，黏膜表面可形成隆起的痂，如猪瘟出现于肠道黏膜的扣状肿（图1-5）；弥漫型固膜性炎波及范围更大，表现为黏膜层大面积的损伤，如猪感染副伤寒杆菌时肠道黏膜出现糠麸样外观。当固膜性炎趋向痊愈时，假膜与下方组织之间的炎性反应有脓性溶解，假膜脱落，缺损的局部被肉芽组织取代而形成瘢痕组织。

四、化脓性炎

化脓性炎是指大量中性粒细胞渗出并伴有组织坏死溶解而导致渗出物呈脓性的炎症。化脓性炎可发生于各部位的器官组织。引起化脓性炎的主要原因是化脓性细菌感染，如葡萄球菌、链球菌、绿脓杆菌等。此外，有些化学物质，如松节油、巴豆油、硝酸银等可造成机体自身的组织坏死亦可引起无菌性化脓。

病理变化：化脓性炎病灶中的坏死组织被中性粒细胞或坏死组织产生的蛋白酶所溶解液化的过程称为化脓，所形成的液体称为

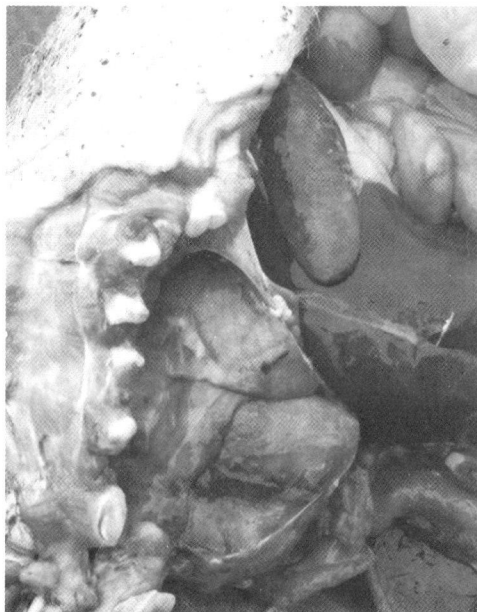

图1-4　纤维素性肺炎

图1-5　猪瘟的典型病理变化照片
（引自宣长和）

脓液。脓液中含有大量炎性细胞、溶解的坏死组织残屑，有时还混有絮状纤维素和红细胞。炎性细胞以中性粒细胞为主，混有不同比例的单核细胞、嗜酸性粒细胞和淋巴细胞。急性化脓性炎，绝大多数为中性粒细胞，但慢性化脓性炎，特别是结核性化脓性炎，则以淋巴细胞为主。脓液中的炎性细胞除少数尚保持功能外，大多数发生变性、坏死、崩解。脓液中的这种处于变性坏死状态的炎性细胞称为脓球或脓细胞，如感染葡萄球菌可形成黄白色脓汁，感染绿杆菌可形成黄绿色脓汁。

五、出血性炎

出血性炎是指渗出液中含有大量红细胞从而致渗出液甚至整个炎症灶呈红色的一类炎症。出血性炎常见于各种传染病（如败血症型炭疽、急性猪瘟及仔猪红痢疾）和某些中毒性疾病，可造成小血管损伤，并常与其他类型渗出性炎混合存在，如浆液性出血性炎、纤维性出血性炎、化脓性出血性炎等。出血性炎与单纯性出血不同，出血性炎除出血变化外还有炎症的特征，渗出物中有大量红细胞，也有一定数量的炎性细胞浸润、纤维素性渗出物并可能伴随组织的变质性变化。

六、增生性炎

增生性炎是指以组织成分增生过程占优势，变质和渗出性变化表现轻微的一类炎症。根据病因和病理变化，其又可分为普通增生性炎和特异性增生性炎两种。

（一）普通增生性炎

普通增生性炎主要为成纤维细胞、血管内皮细胞，单核巨噬细胞和淋巴细胞的增生，或组织的固有成分（上皮细胞及其他实质细胞）增生，增生的成分不构成特殊的结构。增生反应发生在组织的间质部分时，称为间质性炎，如间质性肺炎、间质性肾炎。普通增生性炎可分为急性增生性炎和慢性增生性炎两种。

1. 急性增生性炎

急性增生性炎是以网状内皮系统（或单核吞噬细胞系统）细胞的增生，并浸润于组织间隙内，结缔组织的增生不明显。在发生传染病时，脾脏和淋巴结的淋巴细胞、巨噬细胞、血管窦或淋巴窦的内皮细胞等急性高度增生，常造成脾脏和淋巴结的肿大，如仔猪副伤寒时，在肝脏、脾脏等器官内的血管内皮细胞和巨噬细胞增生，形成副伤寒结节，猪伪狂犬病、蓝耳病等传染病常伴发非化脓性脑炎，脑组织中可见由胶质细胞增生形成的神经胶质结节和血管套；也可见脏器正常成分的增生，如猪感染劳森氏细菌时，肠道黏膜隐窝增生造成增生性肠炎的出现，大体变化表现为肠壁增厚，如橡皮管样。

2. 慢性增生性炎

在慢性炎症或炎症后期，主要以间质结缔组织增生为主。初期表现为大量的成纤维细胞和新生毛细血管组成的肉芽组织增生，其间可混有淋巴细胞、浆细胞、巨噬细胞，如猪感染蛔虫时出现的"乳斑肝"（图1-6）；后期形成疤痕组织，间质成分增多，实质减少造成器官的纤维化。慢性炎症的增生是对炎症过程中的组织损伤进行修复的过程，但常常导致器官组织的硬化，质地变硬，体积缩小，表面凹凸不平，机能下降。

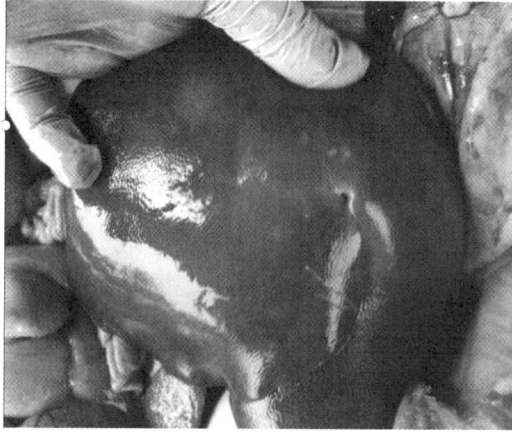

图1-6　乳斑肝

（二）特异性增生性炎

特异性增生性炎是指由某些特定病因引起的增生性炎症，可由生物性因素引起，如结核分枝杆菌、布鲁氏菌、寄生虫；也可由非生物因素引起，如异物、病理产物等。这些病因可在炎症局部引起单核巨噬细胞的增生，形成眼观或显微镜可以辨认的局灶性结节病灶，这些单核巨噬细胞以后可演变为上皮样细胞和多核巨细胞。我们将这样的结构称为肉芽肿。根据其病因，肉芽肿又可分为传染性肉芽肿和异物性肉芽肿。

1. 传染性肉芽肿

当猪感染结核分枝杆菌、2型圆环病毒时产生特异性增生性炎，其中结核分枝杆菌引起的肉芽肿结构比较典型，而2型圆环病毒主要引起小肉芽肿。以结核性肉芽肿为例，病变之初表现为局部组织巨噬细胞增生和浸润。

2. 异物性肉芽肿

异物性肉芽肿进入组织内的异物或病理产物引起的局部增生性反应，如寄生虫虫体、组织内沉积的尿酸盐等，皆可为其发病原因，主要表现为异物周围分布有上皮样细胞和多核巨噬细胞。

上述三类基本炎症在疾病发展过程中联系密切，它们可能是同一病理过程的不同阶段，也可能是两种炎症类型同时出现，每种炎症变化对机体都存在利弊并影响病程的发展，但炎症最终的发展方向还是取决于机体与病原之间的抗损伤与损伤作用。

第四节　水肿与脱水

疾病过程中经常伴随体液代谢的变化，体液代谢变化不单单是水分的变化，同时还包括钠离子、钾离子、钙离子、镁离子等电解质的变化。水和电解质的变化包括水肿、脱水、水中毒、盐中毒、钾代谢障碍等，其中水肿和脱水在临床上较为常见。

一、水肿

水肿是指过多的等渗液体在组织间隙或体腔中积聚。根据水肿的发生原因，可将其分为心源性水肿、肾源性水肿、肝源性水肿、炎性水肿及营养不良性水肿等。根据其发生范围，又可以将其分为全身性水肿和局部性水肿。

（一）心源性水肿

心性水肿主要由心力衰竭而引起。通常左心衰竭时，多引起肺水肿；而右心衰竭时，常引起全身水肿，并表现为身体低垂部、皮下疏松组织处水肿，平卧后水肿减轻，严重时可出现胸腹水。

（二）肾源性水肿

肾小球肾炎、间质性肾炎、肾病综合征导致肾功能不全时，机体出现低蛋白血症及水钠潴留，进而导致肾性水肿的出现。肾性水肿属于全身性水肿，主要出现在组织结构疏松、皮肤伸展度大的部位，如眼睑。

（三）肝源性水肿

感染、中毒造成肝硬化、肝功能受损，可引起肝静脉回流受阻、门静脉高压、水钠潴留以及低蛋白血症，进而导致肝源性水肿的出现。肝源性水肿也属于全身性水肿，常表现为肠壁水肿及腹水增多等症状。

（四）炎性水肿

各种病因作用于机体，在局部引起充血、瘀血等血液循环障碍，使局部毛细血管内流体静压升高、血管壁通透性增大、组织内胶体渗透压升高，可引起血浆成分及淋巴液成分在组织间隙积聚。炎性水肿为典型局部水肿，水肿部位蛋白质含量较高，水肿局部伴随红、肿、热、痛的变化。

（五）营养不良性水肿

饲料营养物质缺乏，或动物因病因作用出现饲料摄入不足、消化吸收障碍、排泄过多，可引起机体出现低蛋白血症，并造成全身性水肿，常以低垂部、组织疏松处、四肢下部水肿最为明显。

（六）水肿对机体的影响

水肿是一种可逆的病理过程，针对病因及症状进行治疗后，水肿变化可以得到改善及恢复。炎性水肿中渗出的水肿液可对局部的病理产物、毒物起到稀释的作用，同时可以运送抗体提高局部的防御能力。但大多数类型的水肿或长时间的水肿可对机体造成不良的影响。脏器水肿时，可造成其功能障碍，如喉头、肺水肿可出现呼吸障碍，脑水肿可出现神经症状，心包积液可造成心脏功能障碍等。另外，组织间隙内的水肿液会增加实质细胞与毛细血管之间的距离，不利于细胞间的物质交换，进而引起组织缺血、缺氧物质代谢障碍等，不利于组织的再生，并使组织抵抗感染的能力下降。

二、脱水

在病因作用下，机体体液容量明显减少的现象，称为脱水。在机体水分丧失的同时，常伴随各种电解质比例失衡，特别是钠离子的变化。因此，根据脱水后体液渗透压的变化，可将脱水分为高渗性脱水、等渗性脱水和低渗性脱水。

（一）高渗性脱水

动物机体发生以失水为主、失水大于失钠的脱水现象，此时细胞外液钠离子浓度和血钠浓度均升高。该类型脱水常见于咽喉、食管疾病导致的吞咽困难或由水源断绝引起的缺水，还见于仔猪呕吐、腹泻时水分从消化道流失，天气炎热大汗、发热、过度呼吸时水分从皮肤和呼吸道流失，以及静脉注射高渗葡萄糖溶液、肾功能障碍时水分从肾脏流失。发生高渗性脱水时，机体可以通过增强渴感、增加抗利尿激素的分泌以及细胞内液向细胞外转移等方式进行适应性调节。如果脱水量过大、时间过久并超出机体的调节能力，机体体液持续减少，机体皮肤和呼吸器官蒸发水分减少，散热减少，热量在体内蓄积而引起体温升高，称为脱水热。严重时，脱水还可以造成酸性和（或）有毒代谢产物在体内蓄积，进而引起酸中毒和（或）自体中毒。

（二）等渗性脱水

动物脱水时，失水与失钠比例基本相当，此时细胞外液渗透压基本不变。该类型脱水常见于大面积烧伤、软组织损伤时血浆的丧失，成年猪呕吐、腹泻时肠道液体的流失，以及胸腔腹水时细胞外液的流失。发生等渗性脱水时，体液（细胞外液）减少，回心血量减少、心排血量降低，严重时可引起血压下降甚至休克；同时可以造成血液浓缩，血细胞比容增大。另外，在等渗性脱水初期，如果治疗不及时，患畜体液经皮肤和呼吸道正常蒸发，可造成高渗性脱水。如果在治疗过程中，仅进行水分的补充，又可能导致低渗性脱水，甚至水中毒。

（三）低渗性脱水

动物脱水时，失钠大于失水，此时细胞外液容量减少，渗透压降低。该类型脱水常见于呕吐、腹泻、出汗、失血等脱水后，仅进行水分的补充而没有进行钠离子的补充。如长期使用利尿剂或发生慢性间质性肾炎时，钠离子大量从肾脏排出流失；肾上腺功能障碍时，其皮质分泌醛固酮激素量减少，导致肾小管对钠重吸收能力下降。低渗性脱水时，细胞外液渗透压的下降，可导致细胞外水分向细胞内转移。这样一方面使细胞外液（体液）的容积增大，引起循环血量的减少、血压下降甚至低血容量性休克的出现；另一方面引起细胞水肿，若神经细胞出现水肿，可导致神经症状的出现。

第五节　酸碱平衡紊乱

在正常情况下，机体尽管不断地摄取、生成、排出酸性物质或碱性物质，但通过血液缓冲系统、肺脏呼吸、肾脏排酸保碱以及细胞内外离子交换的调节，维持机体的pH值相对恒定，使其处于动态平衡的状态。然而，当机体酸碱负荷过重和（或）超出机体自身的调节能力时，这种平衡被打破，出现酸碱平衡紊乱。根据血液pH值高低的变化，可将酸碱平衡紊乱分为酸中毒和碱中毒；根据其原发性病因，又分为代谢性酸中毒、代谢性碱中毒、呼吸性酸中毒和呼吸性碱中毒，其中代谢性酸中毒是临床上最为常见的酸碱平衡紊乱的类型。

一、代谢性酸中毒

代谢性酸中毒是指体内固有酸增多和（或）碱性物质丧失过多而引起的以血浆 $NaHCO_3$ 原发性减少为特征的酸碱平衡紊乱的过程。常见病因有体内酸性物质增多，当出现发热、缺氧、血液循环障碍、微生物感染、过度饥饿时，因机体蛋白质、脂肪、糖代谢加强，营养物质无法彻底的氧化，则产生大量的中间代谢产物，如酸性氨基酸、酮体、乳酸等，导致酸性物质堆积；如饲料中糖类添加过多，或治疗时没有正确使用稀盐酸、水杨酸钠、氯化铵等酸性药物；长期使用磺胺类药物或微生物感染等造成的急、慢性肾炎，可导致肾脏排酸保碱的能力降低；大量输入含钾溶液、溶血或组织坏死而引起的高血症，同样可以造成代谢性酸中毒。或者体内碱性物质流失过多，如猪感染大肠杆菌、流行性腹泻病毒、传染性胃肠炎病毒造成的剧烈腹泻，或发生肠梗阻、肠扭转时，可排出大量碱性肠液，导致体内酸性物质相对增多；当出现肾小管性肾炎时，肾上腺皮质功能损伤导致醛固酮激素（具有保碱排酸的功能）分泌减少，或使用大量碳酸酐酶抑制剂型利尿药（如乙酰唑胺），同样可导致碱性物质随尿液流失；发生严重出血、失血，可造成碱性物质随血液流失。

代谢性酸中毒对机体影响：代谢性酸中毒时，神经系统处于抑制状态，机体表现为意识模糊、反应迟缓、嗜睡、昏迷，严重时可导致呼吸和心血管运动中枢的麻痹而引起死亡。其对于心血管的影响表现为心肌收缩力降低、心律失常、血压下降甚至低血容量性休克。另外，慢性酸中毒时，骨骼中的钙盐会被释放进入血液中和H^+，从而造成骨骼中钙的流失，导致出现佝偻病、软骨症等。

二、呼吸性酸中毒

呼吸性酸中毒是指CO_2排出障碍或CO_2吸入过多而引起的血浆中H_2CO_3浓度原发性升高、pH值低于正常水平的病理过程。常见病因有CO_2排出障碍。如颅脑损伤或病原微生物感染（如乙型脑炎病毒感染）造成脑部出现炎症、大量使用全身麻醉药或呼吸中枢抑制药物（巴比妥类药物），造成呼吸中枢的抑制；以及有机磷农药中毒，脑脊髓炎、低血钾症或重度高血钾症；同时，猪肺疫时出现的喉头水肿，支气管炎时的炎症物质堵塞，食管严重堵塞对气管造成压迫等情况；胸腔积液、纤维素性胸膜炎、气胸、肋骨骨折等情况可影响呼吸功能；以及猪感染巴氏杆菌、副猪嗜血杆菌、传染性胸膜肺炎、支原体、圆环病毒、蓝耳病病毒等，可造成肺水肿、肺气肿、间质性肺炎、肉变、化脓等病理损伤，使肺脏换气功能发生障碍。CO_2在体内蓄积，圈舍空间小、饲养密度大、空气流通性差等情况都有可能导致呼吸性酸中毒。

呼吸性酸中毒对机体的影响：呼吸性酸中毒对于心血管的影响与代谢性酸中毒相似。除此之外，高浓度CO_2可使脑血管扩张、颅内压增加，导致持续性头痛；严重时可出现"二氧化碳麻醉"，引发震颤、精神沉郁、嗜睡甚至昏迷。

三、代谢性碱中毒

代谢性碱中毒是指机体碱性物质摄入过多后，致酸性物质过多流失而引起的以血

浆 $NaHCO_3$ 浓度原发性升高，pH 值低于正常水平为特征的病理过程，在兽医临床较为少见。常见病因有碱性物质摄入过多（如饲料中尿素含量超标或 $NaHCO_3$ 不合理的使用，以及排泄物清理不及时，圈舍内氨气蓄积）；碱性物质排泄障碍（如机体肝功能不全引起氨基酸脱氨基后产生的 NH_2，不能形成尿素而在机体蓄积）；酸性物质流失过多（动物严重呕吐时，胃液中的盐酸从消化道流失；长期使用噻嗪类利尿剂，H^+ 从肾脏流失）。

代谢性碱中毒对机体的影响：机体发生碱中毒，轻微时患畜表现为兴奋、躁动，严重时可出现昏迷。呼吸方面表现为呼吸变浅、变慢。碱中毒可导致低钾血症的出现，表现为肌肉无力、多尿、口渴。

四、呼吸性碱中毒

呼吸性碱中毒是指 CO_2 排出过多而引起的以血浆中 H_2CO_3 浓度原发性减少，pH 值低于正常水平的病理过程。常见原因有中枢神经功能异常（如机体出现脑炎、脑膜炎、脑水肿、脑外伤时，或发热的一定阶段，呼吸中枢表现为兴奋性升高，呼吸加深加快，排出大量 CO_2）；药物副作用（如水杨酸钠、铵盐类药物具有兴奋呼吸中枢的副作用）；低氧血症（如家畜转移至高海拔地区，机体由于缺氧而出现呼吸加深加快的现象）；环境温度影响（如环境温度过高，导致体温升高、物质代谢增加，引起呼吸中枢兴奋）。

呼吸性碱中毒对机体影响：对机体的影响基本与代谢性碱中毒一致。另外，中毒可导致头痛、意识障碍等神经症状。

第六节 黄 疸

黄疸是胆红素代谢障碍或胆汁分泌与排泄障碍而导致血清胆红素浓度升高，引起巩膜、黏膜、皮肤以及骨膜、浆膜和实质器官黄染的病理过程。根据具体发病原因及发生机制，黄疸可分为溶血性黄疸、实质性黄疸、阻塞性黄疸。

一、溶血性黄疸

由于红细胞被大量破坏，血液中非酯型胆红素生成增多，大量的非酯型胆红素运输至肝脏，使肝细胞负担增加，当超过肝脏对其摄取与结合能力时，则引起血液中非结合型胆红素浓度升高。病因常见于溶血性疾病，如猪附红细胞体病、血液寄生虫感染、饲料霉变以及化学物质中毒等。溶血性黄疸不但出现黏膜黄染症状，有时还伴随粪便、尿液颜色加深。仔猪发生该类型黄疸时，可能伴随有痉挛、抽搐、运动失调等神经症状。

二、实质性黄疸

实质性黄疸为肝脏实质发生严重损伤、肝功能受损，致其对胆红素的代谢发生障碍而引起的黄疸，常见于各种类型的肝炎，如病毒性肝炎、黄曲霉毒素中毒、磷中毒等。实质性黄疸除黄染外，还伴随因肝功能障碍引发的各种临床症状。

三、阻塞性黄疸

阻塞性黄疸因胆管堵塞，胆红素排出受阻，造成胆红素从胆管内溢出并反流入血液而形成的黄疸，常见于胆管内结石、肝内寄生虫感染、胆管内炎性产物蓄积、肝内或胆道内肿瘤的压迫等。阻塞性黄疸出现时胆管堵塞，肠道内缺乏胆汁，引起脂肪消化吸收不良，脂溶性维生素吸收不足，慢性过程，可导致出血倾向。

第七节 应 激

应激指机体受各种因素的强烈刺激或长期作用，呈现出以交感神经过度兴奋和垂体-肾上腺皮质功能异常增强为主要特征的系列神经分泌反应。通过各种功能和代谢的改变，以提高机体的适应能力并维持内环境的相对稳定。任何生理或心理的刺激只要达到一定程度，除引起特异性变化外，还可引起一些与刺激因素无直接关系的全身性非特异性反应，如神经内分泌的变化。凡能够引起应激反应的因素统称为应激源。任何刺激只要达到一定强度，都可能成为应激源。其可分为外环境因素、内环境因素和心理因素。外环境因素包括环境突然变化、捕捉、长途运输、过冷、过热、缺氧、缺水、断料、断电、密度过大、混群、营养缺乏、改变饲喂方式、更换饲料、气候突变、过劳、仔猪断尾等；内环境因素包括贫血、休克、器官功能衰竭、酸碱失衡等；心理因素包括惊吓、焦虑、突发事件的影响等。

适当的应激可以提高机体的适应能力及抵抗能力，但强烈应激或长久的应激可能导致器官功能紊乱，甚至引发疾病。如在生猪生产中，常会见到动物出现应激性溃疡等。

一、应激性溃疡

应激性溃疡又称为急性胃黏膜病变、急性出血性胃炎，是指在大面积烧伤、严重创伤、休克、败血症等应激状态下，胃、十二指肠黏膜出现急性损伤，主要表现为胃和十二指肠黏膜糜烂、出血、溃疡（图1-7）。应激性溃疡多发生在浅表位置，少数可出现深层组织的损伤甚至穿孔。强烈刺激作用可在数小时内引起应激性溃疡的出现，如果应激源刺激逐渐减弱，溃疡可在数天后愈合，愈合后一般不留瘢痕。但患畜如有严重的创伤、休克及败血症等情况时，如再继发应激性溃疡引发的大出血，则死亡率明显升高。应激性溃疡的发生为机体神经内分泌失调、胃黏膜屏障保护功能降低及胃黏膜损伤作用增强等多因素综合作用的结果，其原因归纳为以下几方面。

图1-7 胃溃疡

（一）胃黏膜屏障功能降低

胃黏膜屏障的作用是保护胃黏膜免受损伤。应激性溃疡时，胃黏膜的屏障作用遭到严重的破坏。胃黏膜屏障功能降低主要有以下情况。

胃黏膜缺血：应激时，交感-肾上腺系统兴奋，儿茶酚分泌增加，外周血管收缩，其胃肠道血管的收缩尤其明显，胃黏膜血管痉挛，导致黏膜下层动、静脉短路，流经黏膜表面的血液减少。若胃黏膜持续性地缺血、缺氧，致使黏膜上皮坏死、脱落，毛细血管通透性增高而引起出血。故黏膜的损害程度与缺血程度密切相关。

黏液与硫酸氢盐分泌减少：应激造成胃黏膜缺血，致使胃黏膜上皮分泌黏液和HCO_3的作用降低，从而破坏屏障。交感神经兴奋，胃肠平滑肌受到抑制，胃肠蠕动减弱，幽门功能紊乱，胆汁反流入胃，胆汁酸盐可以破坏生物膜大分子疏水基团间的作用，直接破坏胃黏膜上反细胞对H^+的屏障作用；同时胆汁具有抑制碳酸氢盐分泌的作用，并能溶解胃黏液，间接抑制黏液合成。另外，应激时机体物质的代谢率升高，糖类、脂肪、蛋白质的分解代谢作用增强，导致血液中乳酸、脂肪酸和酮体等酸性代谢产物在体内蓄积，从而引起酸中毒，致血浆中HCO_3含量降低，胃黏膜分泌HCO_3能力进一步减弱。与此同时，糖皮质激素分泌量增加，抑制了胃黏液的合成与分泌；致使胃肠黏膜细胞蛋白质的合成减少、分解增加，导致黏膜上皮细胞更新减慢，再生能力受到抑制。

前列腺素水平降低：胃黏膜上皮可以合成、分泌并释放前列腺素，同时前列腺素对黏膜上皮细胞具有较强的保护作用，表现为能够使细胞腺苷酸环化酶激活从而促使环磷酸腺苷（cAMP）升高，促进胃黏液和HCO_3的分泌，还能增加胃黏膜血流量，促进上皮细胞更新。但在应激时，前列腺素分泌水平下降，则加重胃黏膜损伤。

超氧离子增加：应激状态时机体可产生大量超氧离子，破坏细胞膜系统，致核酸合成减少，上皮细胞更新速率降低，进而损伤胃黏膜。

（二）胃酸分泌增加

动物实验和临床观察均表明，动物遭受颅脑损伤和烧伤等应激源刺激后，胃液中氢离子浓度明显增加。胃酸增加与神经中枢和下丘脑损伤引起的神经内分泌失调、血清促胃液素增高、颅内压刺激迷走神经兴奋通过壁细胞和G细胞释放促胃液素产生大量胃酸等因素有关，应用抗酸剂及抑酸剂可预防和治疗应激性溃疡。

第二章 猪病常用诊断方法

现阶段，疾病仍然是制约着养猪业发展的关键因素之一。适当的诊断方法有助于及时正确地诊断猪只疾病，做到早发现、早诊断、早治疗，为疾病的控制和消灭创造条件。常用的猪病诊断方法可以分为四种，即流行病学诊断、临床症状诊断、病理剖检诊断、实验室诊断。

第一节 流行病学诊断

流行病学诊断是通过向畜主询问、查阅资料或进行现场查看，对某种猪病的发病情况、发病特点等进行调查分析的常用诊断方法之一。它通过从疾病的流行情况、发展变化、猪只的饲养管理情况、预防接种情况等方面做出初步判断，为进一步确诊提供重要依据。在诊断过程中，需要注意以下几点。

一、病猪的品种、性别、年龄

不同品种的猪对大部分猪传染病的易感性差异不大，但个别疾病存在着品种的差异，如我国地方品种猪对猪气喘病较易感，而外来品种猪对其则有较强的抵抗力。猪瘟、猪传染性胸肺膜炎等大部分传染病，对不同性别的猪都同样易感，但某些引起繁殖障碍的传染病，如感染猪细小病毒、布氏杆菌等，妊娠母猪感染后，可引起流产或死胎，而公猪感染后仅发生睾丸炎，未成年猪或育肥猪感染后则不显症状。此外，病猪的年龄为流行病学诊断过程中必须考虑的因素之一，许多疾病的发生均与年龄有关，如C

型魏氏梭菌所引起的仔猪红痢多发生于3日龄以内的新生仔猪，由大肠杆菌所引起的仔猪黄白痢、黄痢主要发生于7日龄以内的仔猪，而白痢多发生于2～3周龄的仔猪。

二、发病时间、地点、数量

根据疾病发生时间的长短，可将其分为急性和慢性两种，前者发病时间短而迅速，多呈爆发性，发病率及死亡率较高，如急性中毒、急性传染病等；后者发病时间较长，发病率较高，死亡率较低，且无爆发性，可怀疑是慢性中毒病、营养代谢病或传染病等。发病猪是在配怀舍、产房还是保育舍；是否同窝，同栏或同栋；可从发病猪舍的环境因素入手寻找病因。此外，猪只是大批量发病还是散在发病，对判断疾病是否具有传染性有重要参考价值。

三、发病季节

冬、春寒冷季节常发生的疾病有口蹄疫、传染性胃肠炎和流行性腹泻、猪伪狂犬病、猪轮状病毒感染等病毒性疾病，以及气喘病、流行性感冒、猪传染性萎缩性鼻炎等呼吸系统疾病。炎热多雨的夏秋季节多发生的疾病有猪附红细胞体病、猪丹毒、猪肺疫及日本乙型脑炎等。猪瘟、链球菌病、传染性胃肠炎、传染性胸膜肺炎等疾病无明显发病季节，一年四季均能发病。

四、饲养管理情况

饲槽是否洁净，是否存有未吃完的饲料，尤其是炎热季节剩余饲料在饲槽中容易发臭变质；饲料配方、质量及数量是否合理，饲料贮存是否得当；猪群的饲养密度是否合理；猪舍内温度、湿度、光照、通风换气、设施设备、环境卫生如何；粪便污水及病死猪如何处理；是否定期消毒；饲养管理方式是否科学化、规范化。这些都对疾病是否发生，如何发展与转归有着重要的影响作用。

五、免疫接种情况

有些猪的传染病可以通过相应疫苗的免疫接种，产生相应的抗体，而免于感染。养猪场是否按正规免疫程序进行免疫，免疫是否彻底，是否存在漏免等问题，免疫效果如何，这些都影响免疫接种情况。若已采取了规范免疫措施，则猪群对该病的免疫力会增强，易感性会降低，该病发生的可能性较低。

猪病防控技术

第二节 临床症状诊断

临床诊断是对病猪进行疾病诊断最常用的方法之一，它利用人的感官或借助体温计、听诊器等简单器械直接对病猪进行检查。基本诊断方法有问诊、视诊、触诊、叩诊及听诊。

问诊，即通过向畜主或饲养员询问病猪的发病经过、饲养管理情况、采食量、免疫接种情况及周围疫情等，从而为疾病的诊断提供依据。

视诊，是指通过肉眼观察病猪的外观状态来判断发病原因的一种诊断方法。在视诊时要注意观察病猪的体型、精神状态、采食量、运动状态、被皮毛、眼结膜及粪便等。如健康猪往往体型强壮、精神活泼，大口采食、行走平稳、被毛有光泽、眼结膜呈粉红色、排便正常等。病猪则可能出现体型瘦弱、精神沉郁、采食量下降甚至不食、行动迟缓、被毛粗乱无光泽、眼结膜颜色异常、排便困难等症状。诊断者可以根据病猪具体的临床表现进行综合分析判断。

触诊，是指通过触摸病猪身体对其体温、脉搏、局部组织变化进行初步判断的一种方法。猪的正常体温为38℃～39.5℃，如可以用手背放在猪耳根皮肤上，初步感受其体温是否正常，临床上多用体温计来进行测定，即将温度计一端拴上带绳夹子，体温计插入肛门后立即用夹子夹住猪毛，以免体温计脱落，3～5分钟后取出体温计，用酒精棉擦净，观测体温值。猪的正常脉搏为60～80次/分钟，可以用手指按住猪大腿内侧，检测病猪脉搏；还可触摸其体表，检查是否有肿块。

叩诊，是指用手直接或借助叩诊锤间接扣打动物体表的某些部位，根据所产生音响的性质来推断器官是否病变的一种诊断方法。

听诊，是指直接听叫声、咳嗽声等，或利用听诊器从病畜体表听取心、肺、胃肠等的音响，以判断其病理状态的方法。如可在胸壁两侧进行听诊，听取肺和支气管是否有杂音，以判断肺有无炎症。还可用听诊器听肠蠕动音，判断肠运动情况是否正常。

通过以上临床检查，基本上可以摸清疾病的主要部位和病性。对某些具有特征性症状的典型病例，如疹块型猪丹毒、猪破伤风、猪痘、仔猪黄白痢等，一般不难做出诊断。但对于某些未出现特征性症状的病例，仅凭临床诊断则难以确诊，必须结合其他诊断方法才能确诊。在进行临床诊断时，应注意收集整个发病猪群的综合症状，然后进行分析判断，切不可单凭个别病例的症状轻易下结论，以免误诊。

第三节　病理剖检诊断

病理剖检是诊断猪病时一种简便易行的重要手段。在进行猪病诊断时，常常通过剖检观察器官组织的病理变化，再结合流行病学检查、临床症状等情况对猪病进行综合分析。病理剖检诊断时一般包括如下几个环节。

一、剖检前工作

为防止病原体的传播，剖检前应将病死猪置于适宜剖检的地方，须远离居民区、牧场、水源、道路。剖检者提前准备好消毒药、乳胶手套、靴子、手术刀、骨剪、外科剪、镊子等，如需采集病料，还要准备病料袋、装有10%福尔马林的广口塑料瓶或玻璃瓶等。需特别注意的是，需确定该病猪有无人兽共患传染病发生。若发现疑似炭疽，须取颌下淋巴结涂片染色检查。若确诊为炭疽，则严禁剖检。

二、剖检方法

（一）外部检查

在剖检前按头、颈、胸、腹、四肢、背和尾的顺序依次进行检查。检查时，死猪的品种、性别、年龄、毛色、营养状态、皮肤、可视黏膜、天然孔（眼、鼻、口、肛门、外生殖器）等可为疾病的诊断提供重要线索，对内部检查具有一定的指示性。

（二）内部检查

死猪成背卧位姿势放置，先切断肩胛骨内侧和髋关节周围的肌肉，使四肢摊开；然后沿腹壁中线进刀，向前切至下颌骨，向后切至肛门；掀开皮肤，再切至剑状软骨至肛门之间的腹壁，沿左右最后肋骨切至腹壁至脊柱部，使腹腔脏器全部暴露。此时，首先检查腹腔脏器的位置是否正常、有无血块、有无异物和寄生虫、腹膜有无粘连、腹水的容量和颜色是否正常。分别由膈处切断食管，由骨盆腔切断直肠，按肝、脾、肾、胃、肠的顺序有序地取样检查。然后沿季肋部切去隔膜，检查胸腔脏器心和肺。在内部脏器检查完结后，清除头部的皮肤和肌肉，先于两眼眶间横断额骨，再将两侧颞骨（与颧骨平行）及枕骨髁劈开，即可掀开顶骨，暴露颅骨，检查脑膜有无充血、出血，必要时可取材送检。

三、剖检分析

检查皮肤及皮下组织时，应注意检查皮肤颜色是否正常，皮下组织中血管的充盈量，断端流出血液的颜色、性状及黏稠度。同时，还要检查体表淋巴结的大小、颜色，有无出血，是否充血，有无水肿、化脓等病变，以及皮下有无溃疡、肿瘤、炎症、出血等病变。若皮肤色暗发紫，提示为猪丹毒、猪肺疫、蓝耳病、气喘病等；若皮肤苍白，提示为贫血、营养不良；若皮肤黄染，提示为猪附红细胞体病、钩端螺旋体病、急性实质性肝炎。若淋巴结呈大理石样变且外观可见，则为猪瘟、圆环病毒等；若淋巴结肿大和出血，则常见于猪瘟、猪丹毒、猪肺疫、猪链球菌病。若皮肤溃疡、皮下有水疱，提示为猪传染性水疱病、口蹄疫、水疱性口炎、渗出性皮炎。若皮下脓肿，提示为猪渗出性皮炎、化脓性棒状杆菌感染等。

检查肝、脾、肾时，应先观察大小、颜色、被膜、边缘、表面、切面，观察表面和内部情况，看有无出血、坏死等变化。若肝脏肿大、质脆，极有可能是猪急性中毒；若肝脏质地变硬，可见于华支睾吸虫病、猪肾虫病、慢性实质性肝炎、黄曲霉毒素中毒等；若肝脏上有灰白色坏死点，可见于猪伪狂犬病、流行性乙型脑炎、猪球虫病、猪弓形虫病等。脾脏边缘出现出血性梗死病变，可见于猪瘟；脾脏中央出现出血现象可见于猪附红细胞体病；脾脏肿大是正常几倍、出现细胞自溶常见于弓形体病；脾脏表现肿胀呈颗粒状可见于猪伪狂犬病；脾脏出现萎缩、变硬、组织机化可见于免疫抑制性疾病。出现肾脏病变的疾病常见于猪瘟、猪丹毒、猪伪狂犬病、猪繁殖与呼吸综合征及中毒。猪瘟、猪弓形虫病的肾脏肿胀呈土黄色、有针尖状出血点；猪丹毒常形成大红肾；猪伪狂犬病的皮质下有出血点；断奶仔猪多系统功能衰竭综合征常出现肾脏萎缩形成"花斑"肾；磺胺类药物中毒常见肾脏的急剧肿大形成"结晶"肾，出现肾脏变白、变硬等症状。

检查胃肠时，先看浆膜、肠系膜、肠系膜淋巴结的情况，肠管有无扭转、套叠，胃肠有无破裂；然后切开胃肠，检查内容物的数量、颜色、软硬度、气味、有无寄生虫和异物等，并观察胃肠黏膜有无出血等病变。胃肠道出血疾病常见于猪瘟、猪伪狂犬病、仔猪红痢、猪肺疫、猪丹毒、大肠杆菌病、沙门氏菌病及中毒性疾病等。肠黏膜脱落，肠壁变薄、透明的疾病常见于传染性胃肠炎和流行性腹泻、轮状病毒感染、痢疾等。

检查心脏时，应注意心包膜的色泽，有无渗出物附着；切开心包膜后检查液体数量、颜色、透明度以及心外膜及冠状脂肪有无出血。切开心脏，注意检查心内膜、瓣膜及心脏内血液状况。若心包膜混浊、心包积液或出现纤维素性心包炎，可疑为猪伪狂犬病、脑心肌炎、猪传染性胸膜肺炎、副猪嗜血杆菌病、钩端螺旋体病、仔猪水肿病、猪附红细胞体病等；若心冠状脂肪点状出血，可见于猪瘟、非洲猪瘟、猪丹毒；若心外膜出血，常见于亚硝酸盐中毒、黄曲霉毒素中毒；若心内膜出血，常见于猪伪狂犬病、败血性猪链球菌病等；若心脏扩张肥大，可见于猪脑心肌炎、锥虫病、心力衰竭、心肌肥大等病。

检查肺脏时，先观察肺的大小、形状、色泽及有无附着物，肺小叶间质是否明显。用手触摸肺的质度，然后用刀切开，观察切面颜色、结构、流出液体数量、性状。若肺脏上有出血斑可疑为猪繁殖与呼吸综合征；当肺尖叶或其他叶甚至整个肺部的"肉样"变、"肝样"变，或表现出间质性肺炎、小叶性肺炎，常见于气喘病；若肺切面出血、支气管有泡沫状血性液体流出，并伴有大叶性肺炎，可见于猪肺疫和猪传染性胸膜肺炎；若出现肺水肿和间质性水肿等现象，可见于猪肺疫、猪弓形虫病、猪附红细胞体病、猪繁殖与呼吸综合征。

检查大脑时，首先观察脑膜外形、光泽，有无充血、出血及水肿，然后将脑切开，观察大脑灰质、白质及脑室各部分变化。若剖检时发现有脑膜充血、脑水肿等病变，可考虑为猪链球菌病、猪瘟、猪伪狂犬病等。若为非化脓性脑炎，则考虑猪伪狂犬病、狂犬病、猪乙型脑炎、猪脑心肌炎；若脑脊液增加，则怀疑其为猪伪狂犬病、流行性乙型脑炎。

第四节　实验室诊断

实验室诊断是借助实验室的仪器设备、化学试剂、实验动物等进行诊断。特别是针对一些根据临床症状和病理剖检难于确诊的病例，采用实验室诊断方法具有重要意义。如对病猪的血液、尿液、粪便、脏器等病料采用细菌培养、病毒分离以及血清学试验等方法，可进一步提高诊断的准确性。

一、实验室诊断技术

（一）微生物学诊断

常见的微生物学诊断技术包括病料的涂片镜检、病原体体外培养、分离纯化鉴定、药敏试验及动物接种等。在临床上无菌采集的病料可以选取适宜的培养基在37℃条件下培养12~24小时，根据菌落形态及生化反应来判断结果。还可将分离培养的菌株进一步做药敏实验，通过观察抑菌圈的大小筛选出敏感性强、疗效好的抗菌药物。仔猪黄白痢等疾病通过细菌培养比较好判断，而副猪嗜血杆菌、传染性胸膜肺炎放线杆菌等较难判断。对于某些直接分离培养有困难或者需要进一步鉴定的病原体，我们可以通过易感动物体来对其进行培养，一般选用家兔、小鼠、豚鼠、家禽、鸽子等。如出现混合感染，需要结合其他实验方法做进一步诊断。

（二）血清学诊断

猪感染病原体后，往往会诱发体内的免疫系统产生免疫应答，血清中就会出现特异性抗体。我们可利用抗原抗体特异性结合的原理，用已知抗原来检测被检猪血清中有无特异抗体，或者用已知抗体来检测猪体内有无抗原（即病原体），来进行诊断。常见的血清学诊断方法包括沉淀试验、凝集试验、酶联免疫吸附试验、补体结合试验、中和试验、免疫荧光试验、胶体金试验等。

（三）寄生虫诊断

寄生虫诊断一般是进行虫卵或幼虫的检查，多用饱和食盐水浮聚法。也可用清水反复清洗后吸取沉渣检查，或者用压片及涂片镜检。

（四）分子生物学诊断

分子生物学诊断又称基因诊断，主要是从分子水平上对病原体所具有的特异性核酸序列和结构进行测定，从而对特定的疾病进行诊断。常用的诊断猪病的分子生物学技术有PCR（聚合酶链式反应）、多重PCR、荧光定量PCR、核酸探针杂交技术、DNA芯片技术、环介导等温扩增技术、免疫印迹等，猪伪狂犬病、蓝耳病、乙脑、传染性肠胃炎、轮状病毒、猪瘟等都可以应用PCR相关技术进行检测。此类方法快速高效、特异性强、灵敏度高，但操作复杂、技术要求高、诊断费用高，且需要专门的实验室，一般不适用于基层开展。

二、实验室诊断注意事项

（一）病料的采集

不同疾病的病料采集和运输方式会有所不同，如怀疑细菌性疾病时要做到无菌采集，即采集病料所用的刀、剪、镊子等器械须经严格消毒后方可使用。病毒性疾病则要注意采集病毒集中的部位，如淋巴结、脾脏、肾脏等。同时采样人员须做好个人防护，戴好手套、口罩、帽子，穿好工作服等防护用品后方能进行采样操作。

（二）结果判定

实验室检查结果有可能出现假阳性和假阴性，即没有感染疾病的猪只检测出阳性结果，感染疾病的猪只检测出阴性结果。病料污染、实验室交叉污染、检测试剂质量问题等都会造成假阳性结果。假阴性的情况相对比较复杂，如疾病的"窗口期"、检测试剂的灵敏度、送检病料的采样时间和部位等都会对实验结果有影响。

　　以上四种诊断方法是猪病诊断过程中常用的基本方法。在实际应用过程中，有时通过一种方法即可确诊，有时需要采用两种或两种以上的方法进行综合诊断才能确诊。因此，在实际诊断工作中要根据具体情况，采取适当的诊断方法方能达到确诊的目的。

第三章　呼吸系统疾病类症鉴别与防治

　　猪呼吸系统疾病是生产上常见的疾病，以鼻炎、肺炎多见，以咳嗽、打喷嚏、呼吸困难为共同的症状。猪只不分大小、品种、年龄等均可感染，且感染的猪只数量巨大。猪呼吸系统疾病引起饲料利用率低下，日增重不能达到标准，出栏时间推迟，药物的费用增加等，造成巨大损失。呼吸系统疾病发生的因素复杂，常是多因素相互作用的结果，这些因素包括病原种类、环境因素、季节变化、饲养管理、应激反应、社会发展、药物使用等。常见的猪呼吸系统疾病有猪繁殖与呼吸综合征、猪瘟、非洲猪瘟、猪流感、猪伪狂犬病、猪巴氏杆菌病、猪链球菌病、副猪嗜血杆菌病、猪传染性胸膜肺炎、猪支原体肺炎、猪萎缩性鼻炎、猪肺丝虫、猪弓形虫病等。

第一节　猪繁殖与呼吸综合征

　　猪繁殖与呼吸综合征是由猪繁殖与呼吸障碍综合征病毒引起的猪的繁殖障碍和呼吸系统的传染病，由于部分病猪耳朵发紫，故俗称"猪蓝耳病"，是一种危害养猪业的高度接触性传染病。猪繁殖与呼吸综合征传染性强，目前几乎存在于所有的猪群，流行范围广，对养猪业可造成持久的危害，是影响我国养猪业健康发展最严重的疫病之一。

一、流行病学

　　本病只感染猪，不同年龄、性别、品种的猪均可感染，繁殖母猪、仔猪更易感染。传染源有感染猪（急性发病猪，亚临床感染猪和流产胎儿）和带毒猪。

　　本病传播迅速，主要经呼吸道感染，健康猪与病猪接触，如同圈饲养、频繁调运、高度集中更容易导致本病发生和流行。本病也可以垂直传播，病毒能够通过患病母猪的胎盘传染给胎儿，导致死胎或带毒，也能够通过公猪的精液传播。

二、临床症状

人工感染潜伏期为4～7天，自然感染潜伏期一般为14天。

母猪主要表现为流产、早产及产死胎、木乃伊胎，怀孕母猪几乎全部流产。

公猪感染后表现咳嗽、打喷嚏、精神沉郁、食欲不振、呼吸急促和运动障碍、性欲减弱、精液质量下降、射精量少等现象。

哺乳猪可见发热，拉黄色稀粪。喘气、嗜睡，肌肉震颤、后肢麻痹。部分猪耳朵、腹部发紫。保育猪可见体温升高，嗜睡，喘气。病初皮肤泛红，后期鼻端、耳朵、四肢、腹部或臀部皮肤呈蓝紫色，部分猪呈现结膜炎、眼睑水肿等症状；部分猪呈现后躯无力、不能站立或共济失调等神经症状，死亡率高。育肥猪可见高热、气喘、咳嗽、有眼屎，部分皮肤呈蓝紫色或者发红，症状与保育猪相似。

三、病理变化

一般情况下，本病没有明显病理变化。肉眼可见病理变化为肺轻度水肿、间质性肺炎（图3-1），气管内有泡沫液体，淋巴结普遍肿大。高致病性蓝耳病肺脏病变呈多样化，大多数表现肉样实变或间质性肺炎；淋巴结水肿，有时出血明显；部分猪内脏器官有出血性病变，肾脏可见少量出血点，所以与猪瘟容易混淆。

图3-1　间质性肺炎

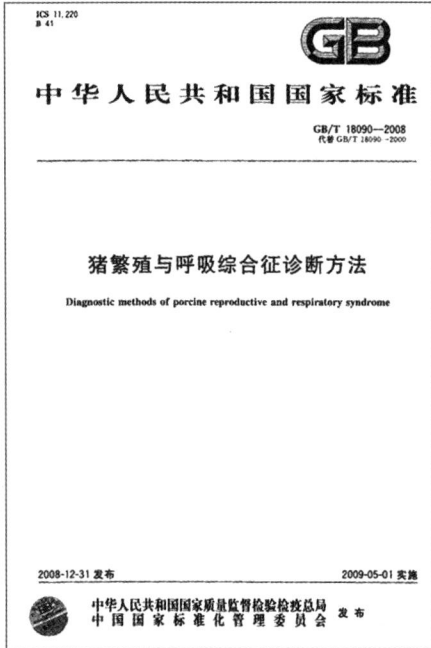

图3-2 猪繁殖与呼吸综合征
诊断方法的国家标准

四、鉴别诊断

妊娠母猪多数猪只突然出现厌食，厌食后期的母猪出现大批流产或早产，大量出现死胎、胎儿木乃伊化和病仔猪；不同年龄猪只出现呼吸道症状，应怀疑为猪繁殖与呼吸综合征。如确诊，需结合实验室诊断，可参照国家标准（图3-2）。

五、防治措施

要坚持预防为主的方针，采取综合性防治措施，我国猪群饲养规模和管理水平差异较大，该病防控应采取多种措施。应尽可能地坚持自繁自养，采取封闭式管理，外来人员一律不准入内，生产人员进入需经过消毒，并经紫外线消毒5~10分钟方可入内；规模化猪场实施全进全出制度，引进种猪应隔离饲养1个月以上，进行血清学检查，阴性者方可混群；人工授精的精液应当来自PRRSV阴性种公猪。加强科学饲养管理，提高猪群的抵抗力，增强猪群的防御机能；建立完善的消毒防疫制度和免疫接种制度，建立生物安全体系，实施环境控制，净化病原。

第二节 猪 瘟

猪瘟是由猪瘟病毒引起的一种高度传染性、致死性的猪传染病，俗称"烂肠瘟"。世界动物卫生组织（OIE）将其列入OIE疫病名录，为必须报告的动物传染病，我国也将其列为一类动物传染病。自1883年在美国俄亥俄州首先发现本病后，百余年来猪瘟在世界上各养猪国家都有不同程度流行的报告。它给世界养猪业造成了巨大的经济损失，是猪病中危害最大，最受重视的疾病之一。

一、流行病学

易感动物：最主要的易感动物是猪（包括家猪、野猪），不分年龄、性别、品种。

传染源：主要是病猪。如母猪免疫力不强，抵抗力低，怀孕后母猪感染猪瘟无症状，可通过胎盘进入胎儿体内复制，致小猪弱胎，胎儿出生后不能站立，颤抖，这种胎儿就是传染源，且发育不良，很快死亡。

传播途径：主要是消化道，但也可以是呼吸道（经鼻腔黏膜）和眼结膜，此外，皮肤擦伤或生殖道黏膜也可以感染。

流行特点：该病一年四季均可发生。无季节性，初次传入易感猪群，首先为最急性，1~3周出现多数急性病例，以后则多为亚急性或少数慢性病猪。病程稍长者，常发生继发感染，发生"肺型"或"肠型"猪瘟。

二、临床症状

自然感染潜伏期为5~15天不等，在实验条件下，从猪瘟病毒暴露到发病一般需要4~7天。根据临床症状，猪瘟可分为急性、亚急性和慢性三种类型。

（一）急性型

急性型也称典型猪瘟，病猪精神萎顿，发热，体温初期升高，呈现稽留热，喜卧、弓背、寒战及行走摇晃。食欲减退或废绝，喜欢饮水。初期便秘，干硬的粪球表面附有大量白色的肠黏液；后期腹泻，粪便恶臭，带有黏液或血液。最后，在猪的腹部、大腿和耳朵上会呈现紫色斑点。在发病过程中可能出现抽搐等症状。

（二）亚急性型

亚急性型又称非典型或温和型猪瘟。临床表现与急性型相似，但症状轻，较缓和，病程稍长，体温稽留40℃左右，一般持续2~3周，皮肤无出血斑。猪只呈现轻微便秘，只有少量猪呈现轻微腹泻。有些猪会因为后期继发感染肠道致病菌而突然死亡。阳性母猪或母猪妊娠期感染猪瘟，可导致死胎、弱仔或木乃伊胎。

（三）慢性型

慢性型也称迟发型猪瘟，是由一些较低毒力的毒株引起的，除了会导致猪1~2周发热外，没有其他明显的症状。这些猪通常康复并成为病原携带者。

三、病理变化

(一)急性型

全身浆膜、黏膜出现大小不等、多少不一的出血点或出血斑;淋巴结周边出血严重并呈大理石样;肾脏颜色变浅呈土黄色,被膜下可见出血点,俗称"麻雀蛋肾"。切开后多见皮质部也有出血点(图3-3);脾脏一般不肿大,但有的发病猪的脾脏边缘呈锯齿状出血,常在边缘及尖端有大小不等的出血性梗死(图3-4)。此种变化为猪瘟最有诊断意义的病变;扁桃体出血、坏死。

(二)亚急性型

除见皮肤、淋巴结、肾脏、膀胱等处有明显出血病变外,还可有纤维素性胸膜肺炎病变、回盲口附近有溃疡(纽扣状溃疡)。

(三)慢性型

感染该型猪瘟的小猪通常不会再产生较大的病理变化,而母猪通常会出现流产、死胎、木乃伊胎等一系列繁殖功能障碍。

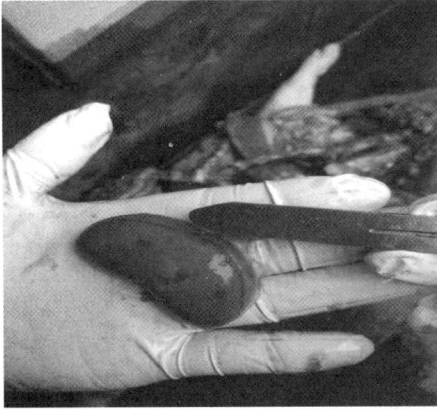

图3-3　肾点状出血

图3-4　脾脏边缘呈锯齿状,出血性梗死灶

四、鉴别诊断

如发现猪群中被检猪只体温在40.5℃以上,倦怠、食欲不振、精神萎顿,可视黏膜充血、出血或有不正常分泌物、发绀、便秘腹泻交替,或其他疑似猪瘟的症状,做可疑猪瘟对待,全群隔离饲养,做进一步诊断。此外,仔猪有衰弱、震颤或发育不良等现象时,可怀疑母猪携带猪瘟病毒,对群体中检出的可疑患猪可抽样进行解剖检查,下述病变作为综合诊断定性的依据之一:

(1)肾皮质色泽变淡,有点状出血;

(2)淋巴结外观充血肿胀,切面周边出血,呈红白相间的"大理石样";

(3)脾脏不肿胀,边缘发现楔状梗死区;

（4）喉头、膀胱有小点出血；

（5）全身出血性变化，多呈小片或点状；

（6）回盲瓣、回肠、结肠形成纽扣状肿（慢性猪瘟）；

（7）公猪包皮积尿。

五、防治措施

（一）做好猪群的净化工作

规模化的大型养猪场，特别要做好疫病监测工作，定期对猪群进行检测监测，是否有猪瘟野毒感染。对已有病毒传入的种猪场，必须对所有种猪以及后备种猪进行猪瘟病毒检测，对检出的病毒阳性猪，要坚决进行淘汰，对假定无猪瘟病毒的种猪群，每半年进行一次检测。对于检测无病毒感染的猪场，坚持"自繁自养"饲养模式，尽量不向外引种。如必须进行引种时，要坚持不从猪瘟流行区引种。新引进的种猪须严格检查，经一个月的隔离饲养后，检测合格方可混群饲养。

（二）提高饲养管理水平，合理搭配日粮，提供营养全面均衡的优质饲料，提高猪的免疫能力

通过控制饲养密度，做好防寒保暖、防暑降温工作，加强通风，保持舍内空气质量良好，以减少猪群的应激。加强卫生防疫管理，进入场区的人员、车辆、物资必须经过严格消毒后方可进场，定期对场区、圈舍和器具进行消毒。应轮流使用消毒药，防止产生耐药性，影响消毒效果。

（三）制定合理的免疫程序

首先应掌握全群的抗体水平，建立免疫监测制度，掌握猪群的抗体水平，然后制订符合实际的科学免疫计划。猪瘟抗体水平检测见表3-1所列。

表3-1　猪瘟抗体正向间接血凝试验检测记录表

报告编号			
动物种类	猪	样品名称及数量	猪血清份
检测项目	猪瘟抗体	方法及标准	正向间接血凝试验 （GB／T 16551—2008）
样品状态	离心管内装冷冻猪血清		
检测试剂	猪瘟抗原		
	猪瘟阳性血清		
	猪瘟阴性血清		

（续表）

主要设备	移液器（JL-006），微量振荡器（FZ-006）						
主要检测步骤	1. 每孔加50μL猪瘟稀释液，吸取50μL被检血清，进行倍比稀释。设置阴阳性对照。						
	2. 每孔加入抗原25μL，混合振荡1分钟。置20℃静置1.5小时。						
	3. 观察结果。						
样品编号	抗体效价	样品编号	抗体效价	样品编号	抗体效价	样品编号	抗体效价

第三节　非洲猪瘟

非洲猪瘟是由非洲猪瘟病毒感染引起的一种急性、烈性传染病，被称为养猪业"头号杀手"。世界动物卫生组织（OIE）将其列为法定报告动物疫病，中国将其列为一类动物疫病。2018年8月3日，中国确诊首例非洲猪瘟病猪。非洲猪瘟对人不致病，不是人畜共患病，但是猪感染后，发病率和病死率可高达100%。

一、流行病学

感染非洲猪瘟病毒的家猪、野猪（包括病猪、康复猪和隐性感染猪）和钝缘软蜱为该病的主要传染源，另外还有被污染的饲料（泔水、同源产品如血浆蛋白粉、血球蛋白粉、肉骨粉等）、设施工具（车辆）、人员装备（衣服、靴子）、注射（手术）器械、猪肉及其制品等。

该病主要通过接触非洲猪瘟病毒感染猪或非洲猪瘟病毒污染物（泔水、饲料、垫草、车辆等）传播，消化道和呼吸道是最主要的感染途径；也可经媒介昆虫叮咬传播。

非洲猪瘟病毒能够在未煮熟的猪肉组织中存活数月，在经过腌制等处理的猪肉制品中也能长期存活，给健康猪饲喂带毒的猪肉残羹是该病长距离传播的重要原因。

二、临床症状

非洲猪瘟在病程上可表现为最急性、急性、亚急性、慢性及隐形感染。

（一）最急性型

最急性型的非洲猪瘟突发高热后立即突然死亡，无明显的临床症状，病猪死亡率可达100%。

（二）急性型

最先出现的症状是持续高热，表现为精神沉郁、食欲减退、震颤、扎堆、呼吸急促、皮肤发红、耳、四肢、腹部皮肤黏膜广泛性出血、发绀。后期可能发生便秘，粪便表面有血液和黏液覆盖，或腹泻、粪便带血。病程1～7天，病死率高达100%。

（三）亚急性型

亚急性型非洲猪瘟与急性型非洲猪瘟相似，症状较轻，病死率较低，持续时间较长。

（四）慢性型

可见病猪表现不规则波动的发热，发生肺炎致呼吸改变，皮肤出现坏死和出血斑，怀孕母猪感染则会引起流产，大部分猪感染后能康复，但终身带毒。

（五）隐性型

隐性型非洲猪瘟多发生于非洲野猪，病程缓慢且无临床症状，其病毒含量很低甚至无法进行实验室确诊，这是该病在非洲大陆上流行的原因之一。

三、病理变化

非洲猪瘟主要病变表现为淋巴结严重出血、水肿，切面可呈大理石样花纹；脾脏肿大，易碎，呈暗红色至黑色；浆膜表面充血、出血，肾脏、肺脏表面有出血点，心内膜和心外膜有大量出血点（图3-5），胃、肠道黏膜弥漫性出血（图3-6、图3-7）；胆囊、肺脏充血肿大。

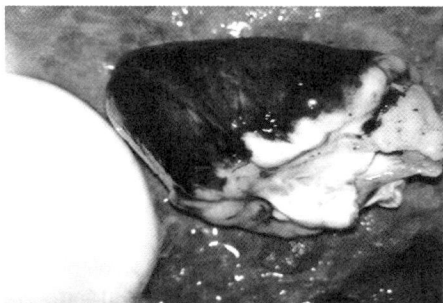

图3-5　心脏出血

图3-6　肠道黏膜弥漫性出血（一）

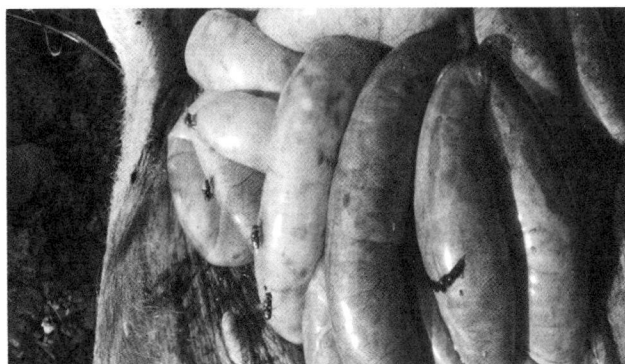

图 3-7 肠道黏膜弥漫性出血（二）

四、鉴别诊断

猪瘟与非洲猪瘟的鉴别诊断：非洲猪瘟可引起脾脏颜色变为深红色至黑色，异常肿大且易碎，经典猪瘟脾脏边缘梗死（图 3-8）；非洲猪瘟导致体腔和心脏周围有多余的液体；非洲猪瘟与猪瘟均有腹泻症状，但非洲猪瘟引发的腹泻伴有便血，而经典猪瘟表现为粪便呈灰色并伴有腹泻；经典猪瘟伴有结膜炎、共济失调、仔猪中枢神经系统症状，胃肠道、会厌和喉黏膜出现坏死或纽扣状溃疡（图 3-9）。

图 3-8 脾脏肿大、质碎、色黑

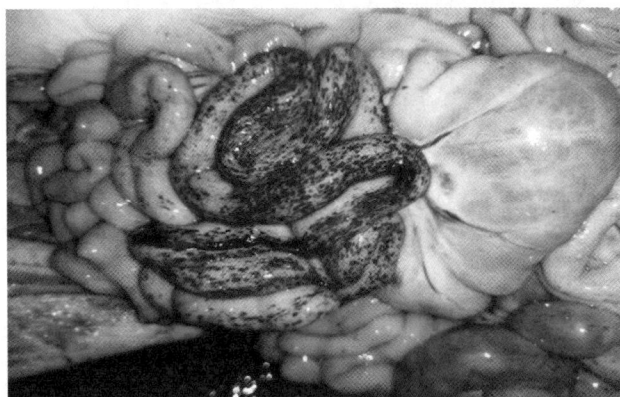

图 3-9 肠道黏膜纽扣状溃疡

五、防治措施

防治措施主要以预防为主：一是做好生物安全，严格消毒措施，消毒产品推荐种类与应用规范可见表3-2所列。外来车辆、人员严禁进入猪场；驱虫驱蚊蝇，杀灭节肢动物；坚持全进全出。二是如果发现异常，要马上隔离并报告，禁止易感动物及其产品、饲料及垫料、废弃物、运载工具、有关设施设备等移动，并对其内外环境进行严格消毒。必要时可采取封锁、扑杀等措施。

表3-2　消毒产品推荐种类与应用规范

应用范围		推荐种类
道路、车辆	生产线道路、疫区及疫点道路	氢氧化钠（火碱）、氢氧化钙（生石灰）
	车辆及运输工具	酚类、戊二醛类、季铵盐类、复方含碘类（碘、磷酸、硫酸复合物）
	大门口及更衣室消毒池、脚踏垫	氢氧化钠
生产、加工区	畜舍建筑物、围栏、木质结构、水泥表面、地面	氢氧化钠、酚类、戊二醛类、二氧化氯类
	生产、加工设备及器具	季铵盐类、复方含碘类（碘、磷酸、硫酸复合物）、过硫酸氢钾类
	环境及空气消毒	过硫酸氢钾类、二氧化氯类
	饮水消毒	季铵盐类、过硫酸氢钾类、二氧化氯类、含氯类
	人员皮肤消毒	含碘类
	衣、帽、鞋等可能被污染的物品	过硫酸氢钾类
办公、生活区	疫区范围内办公区、饲养人员宿舍、公共食堂等场所	二氧化氯类、过硫酸氢钾类、含氯类
人员、衣物	隔离服、胶鞋等，进出	过硫酸氢钾类

备注：

① 氢氧化钠、氢氧化钙消毒剂，可采用1%工作浓度；

② 戊二醛类、季铵盐类、酚类、二氧化氯类消毒剂，可参考说明书标明的工作浓度使用，饮水消毒工作浓度除外；

③ 含碘类、含氯类、过硫酸氢钾类消毒剂，可参考说明书标明的高工作浓度使用。[引自农业农村部《非洲猪瘟疫情应急实施方案（2020年版）》]

第四节　猪流感

猪流感是猪的一种急性、传染性呼吸器官疾病，其特征为突发，咳嗽，呼吸困难，发热及迅速转归。猪流感由甲型流感病毒（A型流感病毒）引发，通常爆发于猪之间，传染性很高但通常不会引发死亡。秋冬季属高发期，但可全年传播。猪流感具有很强的传染性，而且发病比较急，给养猪业造成很大的危害和经济损失，H1N1和H3N2是当前猪流感最主要的两种血清亚型病毒。猪流感病毒也可感染人类，极大地威胁人类的生命健康。

一、流行病学

猪流感可感染人和多种动物，不同日龄阶段的猪，对此病病毒均有易感性。流感主要传染源为人和病猪，及时诊治，痊愈后仍可带毒达6～8周。呼吸道是主要的传播途径，主要是通过猪与猪接触经鼻咽途径进行传播。此病四季皆发，尤其在气候多变的早春、秋季、冬季，此病有较高的发病率。一旦出现感染病例，将迅速波及全群。

二、临床症状

突然发病，常全群感染。病猪体温突然升高到41℃～42℃，食欲减退，甚至废绝，精神极度萎顿，肌肉和关节疼痛，常卧地不愿起立或钻卧垫草中，呼吸急促，呈腹式呼吸，夹杂阵发性痉挛性咳嗽。粪便干硬。眼和鼻流出黏性分泌物（图3-10）。病程较短，如无并发症，多数病猪可于6～7天后康复。

三、病理变化

病变主要在呼吸器官。颈部、肺部及纵隔淋巴结明显增大、水肿，呼吸道黏膜充血、肿胀并被覆黏液，有的支气管被渗出物堵塞而使相应的肺组织

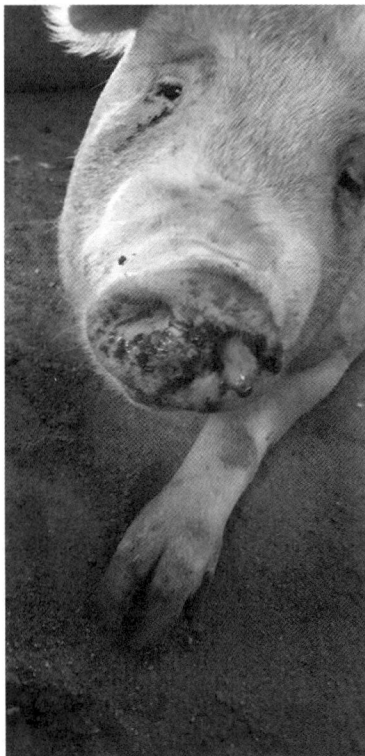

图3-10　猪鼻中流出黏性分泌物

萎缩（图3-11）。严重的病例，有支气管肺炎和胸膜炎病灶、肺水肿、脾肿大。病理变化的严重程度与引起流行的毒株有很大关系。

四、鉴别诊断

猪流感的诊断应注意与普通感冒、猪肺疫、猪传染性脑膜肺炎等相区别。普通感冒表现为体温稍高，发病较缓慢，病程短，呈散发性。急性猪肺疫常表现为散发，死亡率高，呈

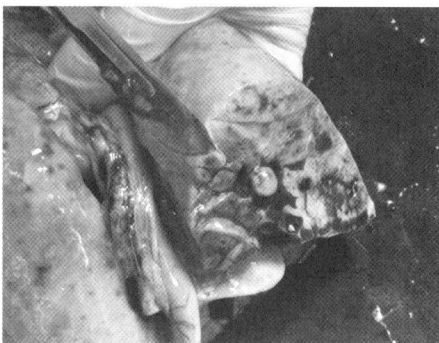

图3-11 肺肿胀，渗出物堵塞肺组织

败血症症状，呼吸困难，咽喉部肿胀。通过涂片染色镜检可见到巴氏杆菌，抗菌药物治疗有效。传染性胸膜肺炎表现为呼吸困难，耳、鼻及四肢皮肤呈蓝紫色，死亡率高，主要病变为肺炎和脑膜炎。

五、防治措施

预防：定期进行清扫，保持猪舍内整洁、干净；优质的猪流感疫苗能产生快速高效的免疫保护效果，因此，执行科学的疫苗免疫方案是控制猪流感最便捷、最有效的措施。猪流感呈世界性分布，流行比例高，影响经济效益，因此猪流感的防控在养殖业发达国家及地区已受到极大关注。因为猪流感亚型之间无交叉免疫保护作用，单价疫苗不能全面有效保护猪群免受猪流感的侵害，故多价疫苗才是防控猪流感的最佳选择；在饲料中添加一些中药制剂，比如板蓝根、大青叶、金银花、柴胡等，对于预防猪流行性感冒有良效。

治疗：解热、镇痛、抗菌。可在基础日粮中添加抗病毒中药颗粒和在饮水中添加阿莫西林；同时使用双黄连注射液、安乃近注射液和恩诺沙星注射液分别进行肌肉注射，每天2次，连续3～5天。

第五节 猪伪狂犬病

猪伪狂犬病又名狂痒病、猪疱疹病毒病，是由疱疹病毒科的伪狂犬病毒引起的猪和其他动物共患的一种急性传染病。猪的感染因年龄不同，症状有所区别，新生仔猪呈现神经系统症状，还侵害消化系统；成年猪常为隐性感染；怀孕母猪发生流产、死胎及呼吸系统症状；公猪表现为精液品质下降和呼吸系统症状。其他家畜和野生动物也可以发生本病。

一、流行病学

猪是伪狂犬病毒的贮存宿主，病猪、带毒猪以及带毒鼠类为本病重要传染源。犬、猫常因食入病鼠、病猪内脏经消化道感染。在猪场，伪狂犬病毒主要通过已感染猪排毒而传给健康猪，另外被伪狂犬病毒污染的工作人员和器具在传播中也起着重要的作用。在猪群中，病毒主要通过鼻分泌物传播，另外乳汁和精液也是可能的传播渠道。此外，本病也可通过空气传播，但具体传播距离尚不清楚。伪狂犬病的发生具有一定的季节性，多发生在寒冷的季节，但其他季节也有发生。

二、临床症状

潜伏期一般为3～6天，短者36小时，长者10天。临床症状随着年龄、感染毒株的毒力和剂量及免疫状态的不同而有很大差异。伪狂犬病毒的临诊表现主要取决于感染病毒的毒力和感染量，以及感染猪的年龄。其中，感染猪的年龄是最主要的。与其他动物的疱疹病毒一样，幼龄猪感染伪狂犬病毒后病情最重。

仔猪感染伪狂犬病毒会引起大量死亡，发病仔猪表现出明显的神经症状以及昏睡、鸣叫、呕吐、拉稀等症状（图3-12）。15日龄以内的仔猪感染本病者，病情极严重，发病死亡率可达100%。成年猪一般为隐性感染，若有症状也很轻微，易于恢复，主要表现为发热、精神沉郁，有些病猪呕吐、咳嗽。妊娠母猪可发生流产、产木乃伊胎儿或死胎症状，其中以死胎为主，无论是头胎母猪还是经产母猪都会发病，而且没有严格的季节性，但以寒冷季节即冬末春初多发。母猪感染伪狂犬病后，表现为配不上种，返情率高达90%，有的反复配种数次都屡配不上。公猪感染伪狂犬病毒后，表现出睾丸肿胀、萎缩，丧失种用能力。

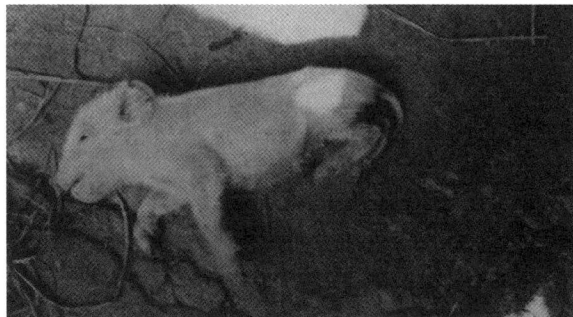

图3-12 发病仔猪临床症状

三、病理变化

眼观主要见肾脏有针尖状出血点，其他肉眼病变不明显。中枢神经系统症状明显时，可见不同程度的卡他性胃炎和肠炎，脑膜明显充血，脑脊髓液量过多，肝、脾等实质脏器常可见灰白色坏死病灶，肺充血、水肿。

组织学病变主要是中枢神经系统的弥散性非化脓性脑膜炎及神经节炎，有明显的血管套及弥散性局部胶质细胞坏死。在脑神经细胞内、鼻咽黏膜、脾及淋巴结的淋巴细胞内可见核内嗜酸性包涵体和出血性炎症。有时可见肝脏小叶周边出现凝固性坏死。肺泡隔核小叶质增宽，淋巴细胞、单核细胞浸润。

四、鉴别诊断

根据疾病的临诊症状，结合流行病学，可做出初步诊断，确诊必须进行实验室检查。同时要注意与猪细小病毒、流行性乙型脑炎病毒、猪繁殖与呼吸综合征病毒、猪瘟病毒、弓形虫及布鲁氏菌等引起的疾病相区别。

五、防治措施

目前对此病尚无特效药物治疗，紧急情况下用高免血清治疗，可降低病死率。猪场的防治措施可从以下几方面着手。

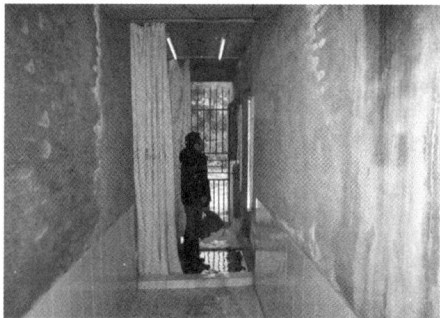

图3-13　工作人员经过消毒池

（1）坚持自繁自养，不从其他猪场引种，如必须引种，则要把好检疫关。不从疫区引种，若引进后要隔离饲养，最好采用人工授精配种方法。

（2）实施综合防治措施，提高饲养管理水平。搞好环境卫生和药剂消毒，实行全进全出等。同时加强人员、器械及饮用水消毒，禁养其他动物。

（3）禁止外来人员和车辆入场、工作人员须消毒后方可进入（图3-13）。生产区不准随便串舍。物品一律消毒后方可进入生产区使用。

第六节　猪巴氏杆菌病

猪巴氏杆菌病又叫猪肺疫，是猪的一种急性传染病，主要特征为败血症，咽喉及其周围组织急性炎性肿胀，或表现为肺、胸膜的纤维蛋白渗出性炎症。本病分布很广，常继发于其他传染病。主要症状为体温明显升高，食欲废绝，呼吸极度困难，持续性咳嗽，可视黏膜发脓性结膜炎，先便秘后腹泻，耳根、腹侧、四肢内侧出现红斑，死亡率高达50%。该病的流行严重影响了养猪业的健康发展。

一、流行病学

多杀性巴氏杆菌能感染多种动物，猪是其中一种，各种年龄的猪都可感染发病，小猪和中猪的发病率较高。本病一般无明显的季节性，但以冷热交替、气候多变、高温季节多发，一般呈散发性或地方流行性。

病猪和带菌猪是传染源，病原体主要存在于病猪的肺脏病灶及各器官中，存在健康猪的呼吸道及肠管中，随分泌物及排泄物排出体外，经呼吸道、消化道及损伤的皮肤、黏膜而感染。

带菌猪受寒、感冒、过劳、饲养管理不当，使抵抗力降低时，可发生自体内源性传染。猪肺疫常为散发，一般认为本菌是一种条件性病原菌，当猪处在不良的外界环境中，如寒冷、闷热、气候剧变、潮湿、拥挤、通风不良、营养缺乏、疲劳、长途运输等，致使猪的抵抗力下降，这时病原菌会大量增殖并引起发病。

病猪经分泌物、排泄物等排菌，污染饮用水、饲料、用具及外界环境，经消化道而传染给健康猪，也是重要的传染途径。该病也可由咳嗽、喷嚏排出病原，通过飞沫经呼吸道传染。此外，也可经吸血昆虫叮咬皮肤及黏膜伤口传染该病。

二、临床症状

潜伏期一般为1~14天。根据病的发展过程，可分为最急性、急性和慢性三种病型。

（一）最急性型

最急性型俗称"锁喉风"，往往呈败血症症状，突然发病，迅速死亡。病猪体温突然上升到41℃以上，呼吸极度困难，食欲废绝，可视黏膜发绀。耳根、颈部、腹部等处发生出血性红斑。咽喉肿胀，坚硬发热；病情迅速恶化，很快死亡，病死率达100%。

（二）急性型

急性型是本病的主要病型，表现为败血症和急性胸膜肺炎症状。体温上升至40℃~41℃，呼吸困难，有短而干的咳嗽，流鼻涕，触诊胸部疼痛，听诊有啰音和摩擦音。皮肤出现出血红紫斑。初便秘，后下痢。往往在2~6天内死亡，耐过的多转为慢性。

（三）慢性型

慢性型主要表现为慢性肺炎和慢性胃炎症状，表现为持续咳嗽，呼吸困难，进行性营养不良，极度消瘦，常有泻痢现象；如不及时治疗，多经过2周以上衰竭而死，病死率达60%~70%。

三、病理变化

（一）最急性型

咽喉黏膜有急性炎症，周围组织浆液浸润（图3-14），淋巴结出血肿胀。肺急性水肿，肾及膀胱可能有出血点。除皮肤有出血斑外，黏膜有时也有小点出血。脾不肿大。

（二）急性型

急性型主要为胸膜肺炎，肺有各期肺炎病变，有出血斑点、水肿、气肿和红色肝变区，或有纤维样黏附物，常与胸膜粘连。支气管淋巴结肿大，胃肠道有卡他性炎或出血性炎。

（三）慢性型

肺肝变区广大，有黄色或灰色坏死灶，外有结缔组织包裹，内含干酪样物质，有的形成空洞。心包和胸腔内液体增多（图3-15），胸膜增厚，粗糙，上有纤维絮状物与病肺粘连。肺门淋巴结高度肿胀出血，并且常发生坏死。

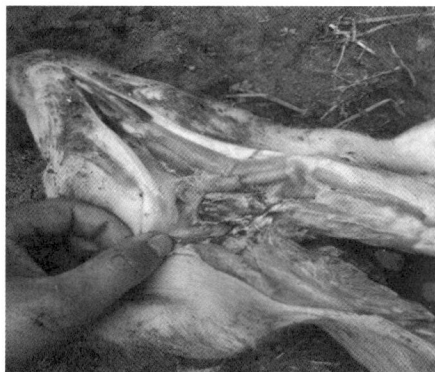

图3-14 颈部皮下大量胶胨样浸润

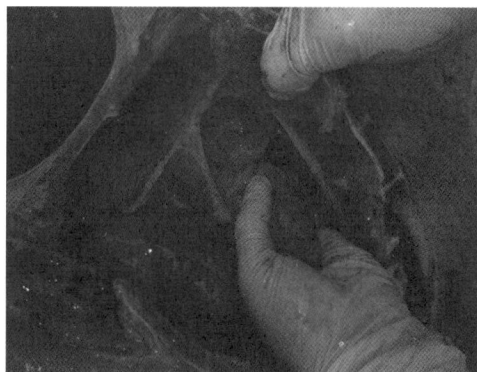

图3-15 心包和胸腔积液并有大量纤维絮状物

四、鉴别诊断

本病的最急性型病例常突然死亡，而慢性型病例的症状、病变都不典型，并常与其他疾病混合感染，单靠流行病学、临床症状、病理变化诊断难以确诊，应根据流行病学、症状、病理变化及细菌学检查的综合资料分析、判定。注意与猪瘟、猪丹毒相区别。最急性型病例，咽喉部的肿胀和炎症，剖检时的胶胨样浸润都与败血型的炭疽相似，但猪急性炭疽很少发生，且不形成流行。剖检时，发现炭疽脾脏肿大形态与猪肺疫不同，如取局部病料细菌学检查，两者病原形态等有明显的不同，易于区别。

五、防治措施

加强饲养管理，消除可能降低抗病力的因素。新引进的猪要隔离观察一个月后再合群。圈栏要定期消毒。

每年春秋定期用猪肺疫氢氧化铝灭活苗、猪瘟-猪丹毒-猪肺疫三联苗或猪肺疫口服弱毒菌苗等进行两次免疫接种。疫苗免疫期均在半年以上。

在流行时，特别是发生散发性的猪肺疫，应立即进行隔离、消毒，病猪进行治疗或淘汰。在消除发病诱因的情况下，经三周再无新病例出现，才能注射菌苗。治疗隔离病猪，同时做好消毒和护理工作。用青霉素、链霉素和土霉素等治疗均有一定疗效。

第七节　猪链球菌病

猪链球菌病是由C、D、R类马链球菌及L群链球菌引起的猪的不同临诊传染病的总称。急性型常为出血性败血症和脑膜炎，慢性型以关节炎、内膜炎、淋巴结化脓及组织化脓等为特征。链球菌病是由链球菌属中致病性链球菌所致的动物和人共患的一种多型性传染病，为重要的细菌性传染病之一。1998—1999年，江苏部分养猪地区连续两年在盛夏季节突然爆发该流行病。不同品种、年龄、性别的猪均可感染，短期内死亡率占急性病例的50%。同期人的发病情况：1998—1999年，25人感染发病，14人死亡。患者中，疑似链球菌感染中毒性休克综合征（STSS）者16例，死亡13例；疑似脑膜炎综合征者9例，死亡1例。多数死亡病例死于发病后1～3天内。死者均为病猪处理工人或接触过病猪肉的人，呈散发。后通过采取禁止宰杀、禁止调运、全面消毒等综合性防治措施，猪的疫情首先得到控制，人的疫情随后也得到控制。

一、流行病学

猪只不分品种、年龄、性别均可感染，一年四季都有发生，但以炎热的6～10月份发生为多见。猪群饲养密度过大，猪舍卫生条件差，通风不良，气候突变，转群、长途运输及其他各种应激因素等都可诱发猪链球菌病的发生与流行。本病经呼吸道和受损的皮肤及黏膜感染，幼畜可因断脐时处理不当引起脐感染。在临床上常见猪瘟、猪伪狂犬病、猪肺疫、圆环病毒感染、猪蓝耳病等与猪链球菌病混合感染或继发感染，这不仅使病情复杂化，而且增大了病死率和防治的难度。

二、临床症状

因感染猪群日龄及猪链球菌血清型不同，发病猪群呈现的临床症状也各异。

最急性型：病猪突然停食、发热、精神沉郁、流浆性鼻汁，有的鼻液中带有血性泡沫，粪便带血，腹下、四肢及耳朵呈紫色，并有出血斑块，但更多病猪死前未见明显临床症状，最急性者几小时之内死亡，大部分病猪1～2天内死亡，以致畜主误认为天气闷热中暑或注射疫苗引起过敏反应死亡。

急性型：常突然发病，呈稽留热，精神差，食欲减少或废绝，喜饮水，眼结膜潮红，呼吸促迫，间有咳嗽，流浆液性、脓性鼻汁。颈部、耳郭、腹下及四肢下端皮肤呈紫红色，并有出血点。个别病例出现血尿、便秘或腹泻。病程稍长，多在3～5天内因心力衰竭而死亡。

慢性型：多由急性型转变而来，主要表现为多发性关节炎。一肢或多肢关节发炎。关节周围肌肉肿胀、高度跛行、有痛感、站立困难，严重病例后肢瘫痪。最后因体质衰弱、麻痹死亡。

三、病理变化

颈下、腹下及四肢末端皮肤有紫红色出血斑点，急性死亡猪可从天然孔流出暗红色血液，凝固不良；胸腔有大量黄色或混浊液体，含微黄色纤维素样物质；心包液增量（图3-16），心肌柔软，色淡呈煮肉样。右心室扩张，心耳、心冠沟和右心室内膜有出血点；慢性病例心二尖瓣有菜花状增生物；急性病例肺广泛散在小叶性肺炎；肝肿大，质硬、切面结构模糊，胆囊水肿、囊壁增厚；脾明显肿大，有的可大到1～3倍，呈灰红或暗红色，包膜下有小出血点，边缘有出血梗死区；肾稍肿大，皮质、髓质界限不清，有出血斑点；全身淋巴结水肿、出血；脑脊液增量，脑膜和脊髓软膜充血、出血；患病关

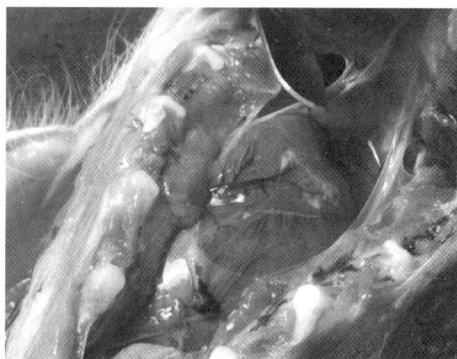

图3-16 心包积液

节多有浆液性纤维素性炎症（图3-17）。

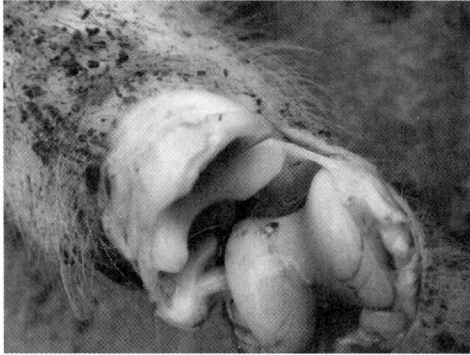

图3-17　关节内有大量淡黄色浆液

四、鉴别诊断

据流行病学、临床症状和病理变化可作出初步诊断。确诊需要进行实验室诊断。

（一）细菌学检查

细菌检查取病猪血液、肝、脾、脑等涂片镜检，也可将病料接种于血琼脂平板，可见长出细小的菌落，多数菌种有溶血现象。挑取菌落染色、镜检。发现革兰氏阳性呈链状排列的球菌，即可确诊。

（二）动物接种

将病死猪的肝、脾或脑组织病料磨碎，加生理盐水稀释，接种小白鼠，小鼠可在12～72小时呈败血症死亡，并可从小鼠内脏中重新分离出本菌。

（三）培养检查

无菌采集心血、肝、脾脏和脑组织，接种血琼脂平板进行细菌分离，利用生化试验进行细菌鉴定，还可用血清学试验和PCR进行分离菌株的菌型鉴定。

五、防治措施

治疗：应用抗菌药物能有效地治疗该病。目前较有效的抗菌药为头孢噻呋、青霉素加庆大霉素、氨苄西林或羟氨苄青霉素（阿莫西林）、头孢唑啉钠、恩诺沙星、氟甲砜霉素等。

预防：应用疫苗进行免疫接种，对预防和控制本病传播效果显著。依据当地的疫情、猪群的免疫状态、本场的饲养管理等实际情况，做好免疫接种工作，特别要注意可影响猪链球菌病发生发展的疫病的免疫，如猪繁殖与呼吸综合征等，以防协同感染。由于仔猪在初生时即可感染，故使用早期隔离断奶、早期给药断奶技术并不能净化猪链球菌病，要在猪场净化猪链球菌病应采取剖宫产。建议在仔猪断奶后注射2次疫苗，间隔21天。母猪分娩前注射2次疫苗，间隔21天，以通过初乳母源抗体保护仔猪。猪链球菌菌苗对不同血清型猪链球菌感染无保护力或交叉保护力弱。

第八节　副猪嗜血杆菌病

副猪嗜血杆菌病由副猪嗜血杆菌引起，又称多发性纤维素性浆膜炎和关节炎，也称格拉瑟氏病。这种细菌在环境中普遍存在，世界各地都有，是以猪化脓性脑膜炎、多发性浆膜炎、关节炎、呼吸困难、高热及高死亡率为特征的细菌性传染病。

一、流行病学

副猪嗜血杆菌只感染猪，30～50日龄最易感。该病通常见于5～8周龄的猪，主要在保育阶段发病。病死率一般在30%～40%。该病通过呼吸系统传播，当猪群中存在繁殖与呼吸综合征、流感或地方性肺炎时，该病更容易发生。环境差、缺水等情况下该病更容易发生。断奶、转群、混群或运输也是常见的诱因。

二、临床症状

临床症状主要取决于炎性损伤的部位。在健康猪群中发病很快，接触病原后几天内就发病。临床症状表现为发热，食欲不振，厌食消瘦，被毛粗乱，反应迟钝；咳嗽、呼吸困难、关节肿胀、跛行、颤抖、共济失调；可视黏膜发绀，侧卧，随之可能死亡。急性感染后可能留下后遗症：母猪流产，公猪慢性跛行。在常规饲养的猪群中，哺乳母猪的慢性感染可能引起母性行为极端弱化。

三、病理变化

剖检时可见胸膜炎、腹膜炎、脑膜炎、心包炎、关节炎等多发性炎症，有纤维素性或浆液性渗出物（图3-18），胸腔积液增多，肺脏肿胀、出血、淤血，有时肺脏与胸腔发生粘连，这些现象以不同组合出现，较少单独存在。

四、鉴别诊断

诊断应建立在临床、病理解剖和微生物学检查的基础上，在鉴别诊断上应排除由衣原体和各种化脓性病原菌所致的关节炎以及霉形体病。霉形体病与副猪嗜血杆菌病的区别在于其病程较慢，发生于吃奶仔猪，发热较低，缺乏化脓性脑膜炎，多无诱因，特别是运输与发病之间的明显关联。

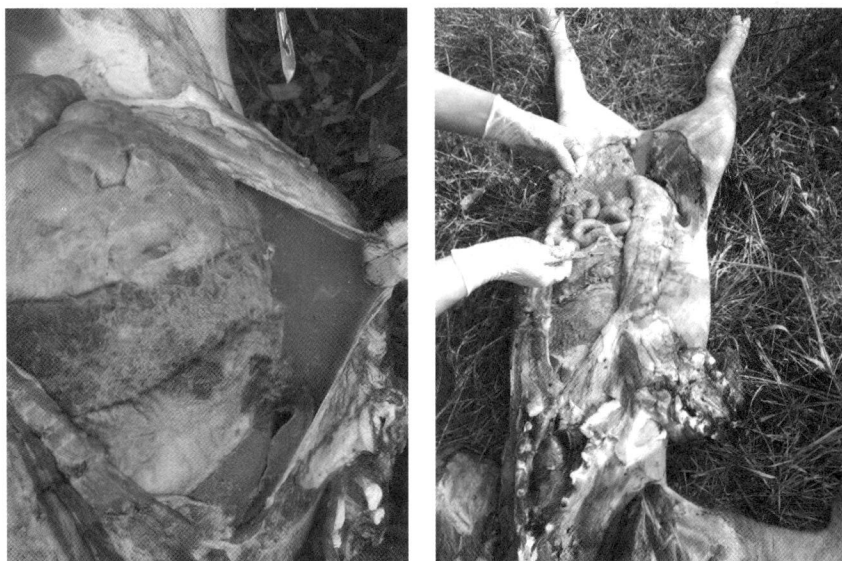

图3-18　胸腔、腹腔有大量纤维素性渗出物

五、防治措施

(一) 严格消毒

彻底清理猪舍卫生，用2%氢氧化钠水溶液喷洒猪圈地面和墙壁，2小时后用清水冲净，再用聚维酮碘喷雾消毒，连续喷雾消毒4~5天。

(二) 加强管理

对全群猪用电解质加维生素C粉饮水5~7天，以增强机体抵抗力，减少应激反应。加强饲养管理，减少各种应激，在疾病流行期间，有条件的猪场仔猪断奶时可暂不混群，对混群的一定要严格把关，把病猪集中隔离在同一猪舍，对断奶后的保育猪进行"分级饲养"，这样可减少PRRS、PCV-2在猪群中的传播。注意保温和温差的变化；在猪群断奶、转群、混群或运输前后可在饮水中加一些抗应激的药物，如维生素C等。

(三) 治疗

隔离病猪，用敏感的抗生素进行治疗，口服抗生素进行全群性药物预防。为控制本病的发生发展和耐药菌株出现，应进行药敏试验，科学使用抗生素。

(四) 免疫

用自家苗、副猪嗜血杆菌多价灭活苗能取得较好效果。种猪用副猪嗜血杆菌多价灭活苗免疫能有效防止小猪早期发病，降低复发的可能性。

在平时的预防中应加强饲养管理，以减少或消除其他呼吸道病原，如提前断乳，减少猪群流动，杜绝养猪生产各阶段的混养状况等。

第九节　猪传染性胸膜肺炎

猪传染性胸膜肺炎是由胸膜肺炎放线杆菌引起的一种呼吸系统重要传染病，各国均有发生。本病主要引起猪的一种伴有胸膜炎的出血性坏死肺炎，多呈最急性或急性病程而迅速致死，可发生在任何年龄的猪只，但2～4月龄仔猪最易感。它是国际公认危害现代养猪业五大重要传染病之一，尤其在集约化养猪场，一旦发生会造成重大经济损失。

一、流行病学

猪为其高度专一性宿主。本病一般通过直接接触传播。在育肥猪群的急性爆发中，其感染可能呈跳跃式；即从一个猪群到另一个猪群。由于本病在急性期中有大量的鼻排泄物，所以有可能通过衣服、胶靴或仪器传播，即有可能通过小的啮齿动物或鸟类。本病的发生常可因贸易引进慢性感染猪。康复猪可带菌几个月。因此，购买猪时，应从已知健康群及血清学检查阴性群中购买，以使感染风险减少到最低限度。其他重要因素，像拥挤，尤其是恶劣的环境条件，温度的急剧变化，相对湿度很高和通风装置损坏，都会大大促使本病的发生和传播，同时会影响本病的发病率和死亡率。本病多发生于秋季和冬季。

二、临床症状

根据动物的免疫状况、环境条件及感染程度，临床过程可分为最急性型、急性型、亚急性型和慢性型。

（一）最急性型

猪传染性胸膜肺炎发病突然且病程短，病猪体温可高达41.5℃以上，精神抑郁，食量急剧下降甚至废绝；病猪的口周围、鼻、眼、耳皮肤发绀；随着病情的发展，病猪呼吸出现障碍，张口喘息；站立困难，常常呈犬卧姿势；口鼻流出带血样液体，气管和支气管腔内有大量泡沫样血色分泌物；肺出现充血、出血、坏死等病变。

（二）急性型

病猪体温升高，精神抑郁，食欲减少，咳嗽或张口呼吸，喉头充满血样液体；病猪喜卧，常呈犬卧或犬坐姿势；耳、鼻、四肢末端发绀，常于发病后3～5天死亡。若猪能耐过，症状逐渐消退，则可康复或转为慢性型，此时病猪呈间歇性咳嗽，生长迟缓。

（三）亚急性型和慢性型

病猪多由急性型转变而来，病猪体温略高，食量不大，有程度不一的间歇性咳嗽，具有轻微的呼吸障碍。若病猪耐过，也会生长缓慢，若发生继发感染或混合感染，则病情恶化，病死率明显增加。

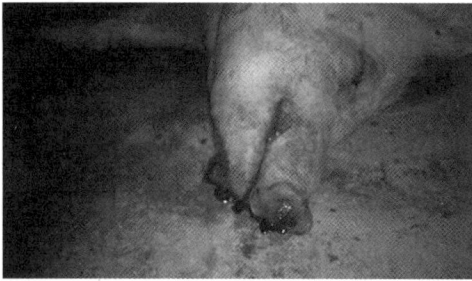

图3-19　口鼻流出血样流体

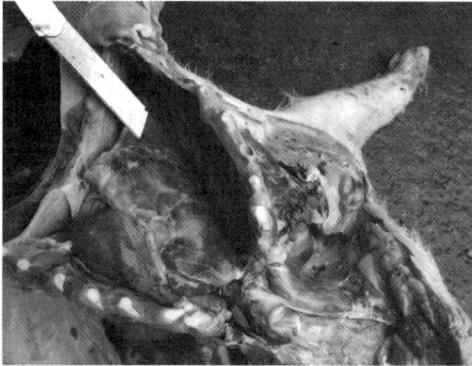

图3-20　胸腔、心包腔充满大量纤维素性渗出物

三、病理变化

最急性型死亡病猪常有血染泡沫状分泌物从鼻孔流出，并充满上呼吸道（图3-19），整个肺出血、水肿。胸腔和心包腔充满大量的浆液性或血水样渗出物（图3-20）。气管黏膜水肿、出血、变厚。由于很多小叶的出血性病灶的存在，整个肺呈红色或斑点状。病灶通常发生在肺的一侧、背侧及肺门。

死于急性呼吸困难的病猪有纤维素性、纤维素出血性及纤维坏死性支气管肺炎。病变区有纤维素性渗出物、坏死组织和不规则的出血。肺小叶间质增厚，覆盖肺表面的纤维素性渗出物引起与临近的胸膜表面发生粘连。病程在4～5天以上，常在肺的背侧和肺门有大小不等的坏死病灶。

四、鉴别诊断

通过流行病学和临床症状，可以做出初步诊断，确诊需通过细菌学检查和血清学试验。并注意猪肺疫、气喘病、副猪嗜血杆菌病、猪圆环病毒病的鉴别诊断。

（一）镜检

从气管、肺脏、关节液等取样涂片，革兰氏染色后镜检，选取呈现小球杆或线杆状的革兰氏阴性菌做进一步鉴定。

（二）培养基分离

将革兰氏染色镜检后的细菌划线接种于表皮葡萄球菌的 TSA 平板（含 5% 绵羊血），于 CO_2 培养箱内培养 24 小时后，选取表面光滑、圆形、边缘整齐、针尖大小的菌落，进一步开展生化特性、溶血性、CAMP 试验等。

（三）血清学诊断

血清学诊断包括 2-巯基乙醇试管凝集试验、乳胶凝集试验、琼脂扩散试验和酶联免疫吸附试验等方法。PCR 和 ELISA 因具有特异、敏感、快速、操作方便等特征而被广泛应用。

五、防治措施

（一）预防

血清学诊断和疫苗注射是控制和预防本病的手段，血清学诊断可以选择和建立无胸膜肺炎放线杆菌健康猪场。疫苗注射所获得的免疫性仅能抗疫苗抗原自身的血清型。因此，在疫苗注射前，首先弄清该地区所流行的血清型尤为重要。

（二）治疗

由于猪传染性胸膜肺炎的病情发展速度不断加快，必须要及时采取抗生素治疗。临床病例中，放线杆菌易产生较强耐药性，且各猪场的用药状况存在明显差异，在耐药性方面有较大差异。为此，抗生素使用前应及时开展药敏试验。

第十节　猪支原体肺炎

猪支原体肺炎又称为猪地方流行性肺炎，俗称猪气喘病或喘气病，是由猪肺炎支原体引起的猪的一种慢性呼吸道传染病。主要症状为咳嗽和气喘，特征性病变是肺的尖叶、心叶、中间叶和膈叶前缘呈肉样或虾肉样实变。

一、流行病学

自然病例仅见于猪，不同年龄、性别、品种猪均易感。其中，哺乳仔猪、断奶仔猪最易感，发病率和死亡率也较高，其次是妊娠后期和哺乳期的母猪。病猪和带菌猪为主要传染源，主要通过呼出的飞沫经呼吸道传染。健、病猪直接接触（同槽、同栏）尤其猪舍通风不良，猪群拥挤时最易流行。多窝仔猪合群饲养时也易暴发。本病冬春寒冷季节多见（特别是温差比较大的时候），四季均可发生。猪舍通风不良、猪群拥挤、气候突变、阴湿寒冷、饲养管理和卫生条件不良可促进本病发生，加重病情。如有继发感染，则病情更重，常见的继发病原体有巴氏杆菌、肺炎球菌等。首次发生本病常呈暴发性流行，多呈急性经过，症状重、病死率高；在老疫区猪多表现为慢性或隐性感染，症状不明显，病死率低。

二、临床症状

潜伏期11～16天，根据病程可分为急型、慢性型和隐性型感染。

（一）急性型

急性型见于新发猪群，以仔猪、妊娠母猪和哺乳仔猪多发，病猪剧喘，腹式呼吸或犬坐姿势，时发痉挛性阵咳。体温一般正常，有继发感染则体温升高，食欲大减或废绝，日渐消瘦，病程大约1周，病猪常因窒息而死，病死率高。

（二）慢性型

慢性型多见于老疫区的架子猪、育肥猪和后备母猪，长期咳嗽，清晨进食前后及剧烈运动时最明显，严重的可发生痉挛性咳嗽，饲养条件和气候的改变，症状时而缓和。病猪体温不高，但消瘦，发育不良，被毛粗乱，病程可长达2个月，有的在半年以上，病死率不高。此类病最易发生继发性感染，是夏季造成猪群急性死亡的主要诱因。

（三）隐性型

隐性型不表现任何症状，或偶见个别猪咳嗽。

三、病理变化

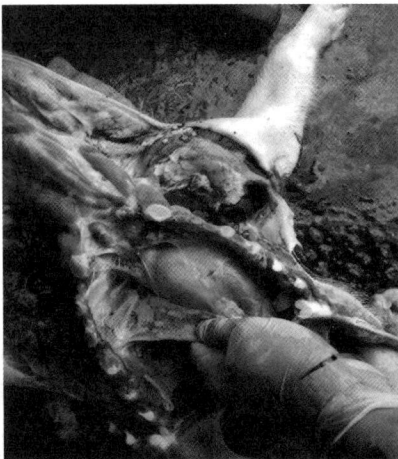

图3-21　肺出现虾肉样变，并与胸腔粘连

病变首先发生在肺心叶，开始有粟粒大，然后至绿豆大，紧接着逐渐扩展到尖叶，中间叶及膈叶前下缘，形成融合性支气管肺炎。两侧病变大致对称，病变部肿大，淡红色或灰红色半透明状，界限明显，像鲜嫩的肌肉样肉变，如病程延长加重，病变部胰变或虾肉样变。若继发细菌感染，可引起肺和胸膜的纤维素性、化脓性和坏死性病变（图3-21）。

四、鉴别诊断

根据猪场发病史、流行病学、临床特征及病死猪剖解特征进行诊断，临床上常根据以上特征进行诊断。本病还需与常见的流行性感冒、猪肺疫及蓝耳病等进行鉴别诊断。本病与流行性感冒都有精神不振、呼吸困难、咳嗽等临床症状。但猪流感的病原为猪流感病毒。病猪咽、喉、气管和支气管内有黏稠的黏液，肺有下陷的缺氧造成的深紫色区。与猪肺疫的区别在于，后者急性病例呈败血症和纤维素性胸膜炎症状，全身症状较重，症程较短，剖检时见败血症和纤维素性胸膜肺炎变化。慢性病例体温不定，咳嗽重而气喘轻，瘦弱，肝变区可见到大小不一的化脓灶或坏死灶。后者体温和采食变化不明显，无败血和胸膜炎。与蓝耳病的区别在于虽都有呼吸症状，但后者呈多病灶性至弥漫性肺炎，体温升高明显，甚至后期有缺氧体表发绀表现，而妊娠母猪则可能表现为产死胎、流产和产木乃伊胎。

五、防治措施

预防：给种猪和新生的猪接种支原体肺炎灭活疫苗。

治疗：土霉素及卡那霉素是首选药物，土霉素制成油剂，疗效颇好，若上述二种药物交替使用，效果更佳。但总的来说，使用抗生素不会恢复组织的损伤，且一旦停止用药容易复发；另外支原体的耐药性强，抗生素在肺部黏膜表面的有效浓度低，因此使用抗生素的效果也很难保证。

第十一节　猪传染性萎缩性鼻炎

猪传染性萎缩性鼻炎又称慢性萎缩性鼻炎或萎缩性鼻炎，是由支气管败血波氏杆菌和产毒素多杀性巴氏杆菌引起的猪的一种慢性传染病。其特征为鼻炎、鼻甲骨萎缩、鼻梁变形及生长迟缓，以2～5月龄仔猪最易感染。

一、流行病学

不同年龄的猪都有易感性，但以仔猪的易感性最高。本病的传染源为病猪和带菌猪，本病主要经呼吸道感染，通过飞沫传给健康猪群。母猪有病时，最易将本病传染给仔猪。猫、鼠、兔和狗等也可带菌，并能传播本病。饲养管理不良，猪舍潮湿，饲料中缺乏蛋白质、无机盐和维生素，可促进本病的发生。

二、临床症状

初始病猪打喷嚏和吸气困难，有的鼻腔有脓性鼻汁流出，有的鼻孔流血。特别是在采食时，常用力摇头，以甩掉鼻腔分泌物。有时鼻端拱地，或在硬物上摩擦。鼻炎常使鼻泪管发生阻塞，引起结膜炎，使泪液分泌增加，在眼眶下形成半月形湿润区，沾染尘土后黏结形成黑色痕迹。由于鼻甲骨的萎缩，使鼻腔短小，如一侧鼻腔发生严重萎缩时，则鼻端弯向受侵害的一侧，形成歪鼻子。个别病例可出现肺炎、脑炎。

三、病理变化

病变主要在鼻腔和邻近组织，特征性病变是鼻腔的软骨组织和骨组织的软化萎缩，鼻甲骨下卷曲消失。严重病例鼻甲骨完全消失、鼻中隔偏曲，鼻腔变成一个鼻道（图3-22）。

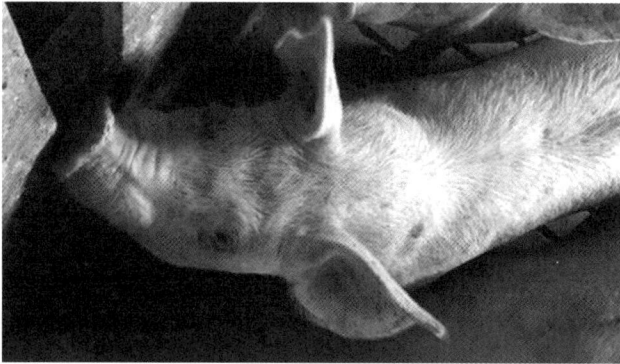

图3-22　鼻中隔偏曲变形

四、鉴别诊断

根据发病情况、临床症状、剖检病变、细菌学检查，可初步诊断为传染性萎缩性鼻炎。

五、防治措施

预防：加强口岸检疫，一方面要对存在本病的猪场采取严格检疫、彻底淘汰、及时消灭疫源的措施。不从病猪场引进种猪。凡运入成年母猪或哺乳母猪，应隔离饲养2～4日，在上述期间内不出现鼻炎症状时可以将母猪合群。在常发地区可用猪萎缩性鼻炎灭活疫苗，可于母猪分娩前40天左右注射疫苗两次，间隔两周，以保护初生后几周内的仔猪不被感染，待仔猪长至1~2周龄时，再给仔猪注射疫苗两次，间隔1周。

　　治疗：发病时应对猪场进行消毒封锁，停止外调，淘汰病猪，更新种猪群。猪只经彻底消毒后，再从健康猪群中引进种猪。如不能做到，只有对全群实行药物治疗和预防，连续喂药5周以上，以促进康复。支气管败血波氏杆菌对抗生素和磺胺类药物敏感。

第十二节　猪肺丝虫病

　　猪肺丝虫病又叫猪后圆线虫病，多由猪拱地吞食含有肺丝虫卵的蚯蚓引起，虽然使用硬化地面的圈舍很难见到，但在广大农村散养区却很常见。2~4月龄比较瘦弱的猪感染后症状较明显，主要表现为发育不良，被毛粗糙，阵发性咳嗽，在早晚、运动后或遇冷空气刺激时尤为剧烈，鼻孔流出脓性黏稠分泌物，重者呈现呼吸困难。

一、生活史

　　雌虫在小支气管内产卵，卵随气管分泌物带出，经吞咽后随粪便排出体外。卵在泥土中孵化成幼虫，虫卵或幼虫被蚯蚓吞食，在蚯蚓体内经10~20天后发育成为感染性幼虫。猪吞食这种蚯蚓，在消化道内蚯蚓被消化，幼虫逸出，由肠壁进入肠系膜淋巴结，经淋巴管和血管到肺，最后到达支气管发育成成虫。自吞食蚯蚓到发育成成虫约25~35天。

二、流行病学

　　猪群在2~12月龄最容易感染该病，感染病原虫的自然宿主（蚯蚓）和病猪是主要传染源。当饲养场所的土壤中存在大量活的病原虫或者虫卵时，健康猪在舔舐时就会食入，从而引起食入性传染。因此，该病的发生与蚯蚓的繁殖、分布紧密相关，即蚯蚓繁殖旺盛的季节非常容易出现该病。蚯蚓通常在夏季高温高湿环境中频繁活动、大量繁殖，此时发病率最高。该病呈地方性流行，主要在东北、华南和华东等地发生，这是由于以上地区地理环境条件非常适合中间宿主和猪肺丝虫的生存繁殖。

三、临床症状

　　病猪主要表现出咳嗽、气喘、呼吸困难，特别是在早、晚或采食时，严重时会持续咳嗽，并伴有呕吐，还有浓稠的淡黄色或黄色黏性液体从鼻流出，被毛粗乱失去光泽。发病初期还能够采食，但之后食欲不振，甚至完全废绝，精神萎靡，机体严重消瘦，呼吸急促、困难，最终由于严重衰弱而死亡。病猪痊愈后，生长发育缓慢。

四、病理变化

病变主要在肺脏，主要见于支气管增厚、扩张，肺尖叶和膈叶腹面边缘常见有局限性肺气肿，呈灰白色，界限明显，微突起，肌肉样硬变，有的病灶切开后从支气管流出黏液分泌物及白色丝状虫体。

五、鉴别诊断

生前可根据临诊症状（咳嗽、消瘦及生长发育停滞等）和当地流行病学资料做出初步诊断，确诊须用硫酸镁（或硫代硫酸钠）饱和溶液漂浮法检查粪便（尤其是检查含黏液部分），即可发现虫卵。死后剖检虫体寄生部位多在肺膈叶后缘，形成一些灰白色的隆起，剪开以后，常可在支气管中找到大量的虫体。

六、防治措施

治疗：（1）阿苯达唑，每千克体重10~20mg，混入饲料喂服。（2）左旋咪唑，每千克体重8~15mg，混入饲料喂服。（3）阿维菌素或伊维菌素，每千克体重0.3mg，皮下注射或口服。（4）多拉菌素，每千克体重0.3mg，皮下或肌肉注射。（5）氰乙酰肼，口服每千克体重17.5mg；皮下或肌肉注射每千克体重15mg，严重者可连用3天。如有继发感染，应配合使用抗生素进行治疗。

预防：在本病流行地区，放牧饲养最好改为舍饲，有条件的场、圈及运动场铺水泥，以防止吃到蚯蚓，并可杜绝蚯蚓的滋生。用3%的煤酚皂溶液和苯酚溶液喷洒于圈舍附近，以消灭圈舍附近的蚯蚓。粪便应堆积发酵或消毒后方可作为农用。在肺丝虫流行区进行定期预防性驱虫，在小猪生后2~3个月时应驱虫一次，以后每隔2个月驱虫一次，以消灭病原，杜绝虫卵传播。

第十三节 弓形虫病

弓形虫病的病原是刚地弓形虫，简称弓形虫（图3-23），猫是弓形虫的终末宿主。该病多发于3~5月龄的仔猪，体温升高至40℃~42℃，呈稽留热型，呼吸困难，咳嗽，呕吐，便秘或下痢，身体出现大面积蓝紫色。怀孕母猪感染后，多表现流产或产出死胎。犬也可感染，也会出现咳嗽、呼吸困难、腹泻、呕吐等症状，这可以作为临床参照。

一、生活史

弓形虫具有双宿主生活周期，分别在肠外和肠内两个阶段发育。在肠外阶段发育时系无性繁殖，在各种中间宿主（如哺乳动物和鸟类）与终末宿主（猫和猫科动物）组织内发育。在肠内阶段的发育中，既有无性繁殖，又有有性繁殖，但仅在终末宿主小肠黏膜上皮细胞内发育。在猫和猫科动物体内可以完成全部生活史，但是在猫科以外的动物及人体内则只进行无性繁殖。全部生活史分5期，即滋养体

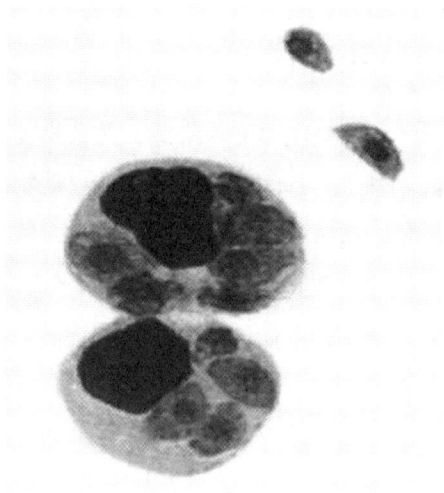

图3-23 显微镜下的弓形虫
（引自寄生虫标本考试图谱——武汉大学）

期、包囊期、裂殖体期、配子体期和卵囊期。前3期是无性繁殖，后2期是有性繁殖。无性繁殖可造成全身感染，而有性繁殖则在肠黏膜形成局部感染。

滋养体是弓形虫的增殖形式，分细胞内型与游离型两类，在急性感染机体内自行繁殖，在中间宿主与终末宿主体内均可出现。急性感染期滋养体在宿主细胞内繁殖，内含数十个甚至上百个虫体。这种虫体的外膜是被宿主细胞包围而形成的，并非原虫的分泌所形成的，所以称为假包囊。假包囊破裂后散发出的虫体为内殖子，又称为速殖子。

包囊：感染的主要形式，在中间宿主和终末宿主体内都可以出现，常在慢性感染动物的脑、肌肉等组织内形成，囊内含有数百甚至数千个虫体。包囊可以长期存活于组织内，甚至伴随宿主的一生。包囊在一定条件下会破裂，虫体逸出成为慢殖子，在组织内繁殖成为新的包囊。

卵囊：仅在终末宿主内出现。未成熟的卵囊包含一个孢子囊，成熟卵囊含有两个孢子囊。每个孢子囊含有4个子孢子。

裂殖体：子孢子进入终末宿主小肠黏膜上皮细胞后，配子生殖开始前，虫体通过内二芽殖、内多芽殖、裂体增殖等进行增殖，最终成为多个虫体即裂殖子。裂殖体破裂后，裂殖子侵入新的宿主细胞内，继续增殖为下一代裂殖体。

配子体：弓形虫裂殖子侵入终末宿主小肠黏膜上皮细胞后，未形成裂殖体，而发育为大、小两种配子体。小配子发育成熟后形成12~32个雄配子。

二、流行病学

猫是最主要的传染源，尤其是随猫粪排出的卵囊污染的饲料和饮水都成为主要的传染源。猪主要是吃了被卵囊或带虫动物的肉、内脏、分泌物等污染的饲料和饮水，经消化道感染。速殖子也可能通过口、鼻、咽、呼吸道黏膜及受损的皮肤而进入猪体内。母猪还通过胎盘感染胎儿，这种现象很普遍。该病多见于3月龄以上的各品种的猪，有些急性死亡，个别在发病后5~6天衰竭而死，本病无明显的季节性。

三、临床症状

一般猪急性感染后，经3~7天的潜伏期，呈现和猪瘟极相似的症状，体温升高至40.5℃~42℃，稽留7~10天，病猪精神沉郁，食欲减少至废绝，喜饮水，伴有便秘或下痢。呼吸困难，常呈腹式呼吸或犬坐呼吸。后肢无力，行走摇晃，喜卧。鼻镜干燥，被毛粗乱，眼结膜潮红。随着病程发展，耳、鼻、后肢股内侧和下腹部皮肤出现紫红色斑或间有出血点。病后期呼吸困难，后躯摇晃或卧地不起，病程10~15天。耐过急性的病猪一般于2周后恢复，但往往遗留有咳嗽、呼吸困难及后躯麻痹、斜颈、癫痫样痉挛等神经症状。

四、病理变化

病变主要发生在肺、淋巴结和肝，其次是脾、肾、肠。肺呈大叶性肺炎，暗红色，间质增宽，切面流出多量带泡沫的浆液。全身淋巴结有大小不等的出血点和灰白色的坏死点，肝肿胀并有散在针尖至黄豆大的灰白或灰黄色的坏死灶。脾脏在疾病的早期显著肿胀，有少量出血点，后期萎缩。肾脏的表面和切面有针尖大出血点。肠黏膜肥厚、糜烂，从空肠至结肠有出血斑点。心包、胸腔和腹腔有积水。肝脏局灶性坏死、淤血，全身淋巴结充血、出血，形成非化脓性脑炎、肺水肿和间质性肺炎等，在肝脏的坏死灶周围的肝细胞浆内、肺泡上皮细胞内和单核细胞内、淋巴窦内皮细胞内，常见有单个和成双的或3~5个数量不等的弓形虫，形状为圆形、卵圆形、弓形或新月形等。

五、鉴别诊断

本病无特异性临床症状，应根据病理变化以及病原和血清学检查做出确诊。

六、防治措施

（一）治疗

选用含有"甲氧苄氨嘧啶"（TMP）的磺胺药。凡磺胺药前加有"增效"或"复方"两字的代表已加有 TMP，如增效磺胺嘧啶钠、增效磺胺–5–甲氧嘧啶、增效磺胺甲氧嗪、复方新诺明等其中一种。

（二）在猪场及周围应禁止养猫，饲养员也要避免与猫接触

畜舍保持清洁卫生，定期消毒，对母猪流产的胎儿、排泄物以及病死猪的尸体应严格处理，防止污染环境。在该病的易发季节，每吨饲料分别添加磺胺嘧啶 500g 和乙胺嘧啶 25g，连喂 1 周，能有效地预防弓形虫病的发生。

第四章　消化系统疾病类症鉴别与诊治

本病是由猪传染性胃肠炎病毒引起的猪的一种高度接触性肠道传染病，临床上以突然发病、传播迅速、呕吐、严重腹泻、脱水为特征。本病在各种年龄阶段猪中均可发生，其中10日龄以内仔猪，病死率可达100%；5周龄以上猪感染后死亡率较低，成年猪感染后几乎无死亡，但生产性能下降，饲料报酬率降低。本病多发生于寒冷季节，以每年12月至次年4月为发病高峰，3~4天内即暴发流行，迅速传播。

一、流行病学

本病主要侵害猪，病猪和带毒猪是本病的主要传染源。病猪的粪便、呕吐物、乳汁、鼻分泌物、呼出气体以及发病母猪乳汁中含有病毒，污染饲料、饮水、空气、用具等，再经呼吸道和消化道而感染。带毒的犬、猫和鸟类也可能机械传播此病。本病发生具有明显的季节性，多发生于冬季和春季等寒冷季节。

二、临床症状

本病的潜伏期很短，多数为15~18小时，有时为2~3天，传播迅速，数日内可波及全群。仔猪突然发病，先呕吐，继而水样腹泻，粪便呈黄色、绿色或白色等，夹杂有未消化的乳凝块（图4-1、图4-2）。病猪出现极度口渴，明显脱水，体重减轻。10日龄以内的仔猪多在出现症状后2~7天内死亡。断奶仔猪、育肥猪和母猪的症状轻重不一，通常只有1天至数天出现食欲不振或废绝。病猪有呕吐、灰色褐色水样腹泻，呈喷射状，5~8天后腹泻停止，极少死亡。

图4-1 仔猪呕奶

图4-2 粪便中有未消化的乳块

三、病理变化

特征性的病理变化主要在小肠和胃,肠内充满水样粪便,肠壁变薄呈半透明状(图4-3),肠系膜充血,肠系膜淋巴结肿胀,胃底黏膜轻度充血,并有黏液覆盖,胃内有大量乳白色凝乳块,靠近幽门区可见坏死区,较大猪可见溃疡灶,尸体脱水消瘦。

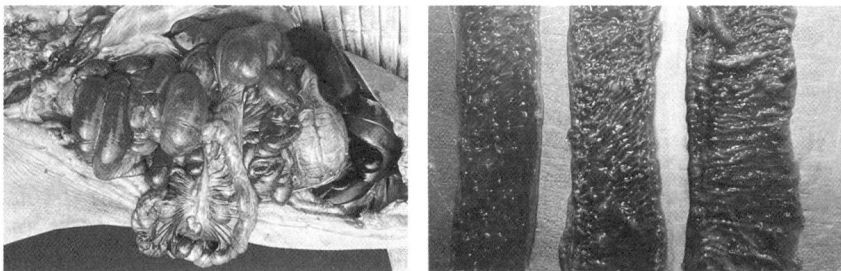

图4-3 肠壁变薄呈半透明状(引自宣长和等)

四、鉴别诊断

根据发病的季节、年龄及临床特点可做出初步诊断,确诊要进行实验室检查。本病应与猪的流行性腹泻、轮状病毒感染、大肠杆菌病和猪痢疾、仔猪副伤寒等相区别。

仔猪黄痢:7日龄以上很少发生,很少呕吐,剖检十二指肠可见肠壁变薄,胃黏膜有红色出血斑。

仔猪白痢：主要发生在10日龄至断奶猪，粪便白色糊状，不呕吐。剖检肠壁变薄、透明，肠黏膜不见出血。

仔猪红痢：粪便红褐色，不见呕吐。剖检病变主要在空肠，可见出血、暗红色。肠系膜中有小气泡，肠腔充气明显。

猪流行性腹泻：剖检小肠系膜充血，肠系膜淋巴结水肿，肠绒毛显著萎缩。

猪轮状病毒病：剖检胃内充满凝乳块和乳汁，肠内容物浆液性或水样，胃底不出血，10~20日龄仔猪症状较轻，腹泻1~2天后迅速痊愈。

五、防治措施

严禁从疫区引种，避免病原传入。实行全进全出，做好场区消毒卫生工作，冬春寒冷时节做好防寒保暖工作。预防免疫可采用猪传染性胃肠炎、猪流行性腹泻二联活疫苗，妊娠母猪于产前40天注射疫苗一头份，20~28日后二免，其所生仔猪在断奶后7~10日内接种疫苗一头份，间隔14日二免。

本病尚无特效治疗药物。对发病猪以补液为主，同时对症治疗，防止并发感染。常采用如下方法。

（1）抗生素药物治疗：①庆大霉素1~2mg/kg，每天2次，肌内注射；②链霉素400~800IU/kg，每天2次，口服；③磺胺0.2~0.4g/kg，每天2次，口服。

（2）抗病毒药物治疗可肌内注射双黄连、清开灵注射液。

（3）补液可用口服补液盐（氯化钠3.5g，碳酸氢钠2.5g，氯化钾1.5g，口服葡萄糖20g，加冷开水1000mL）或葡萄糖苷氨酸溶液（葡萄糖22.5g、氯化钠4.75g、甘氨酸3.44g、柠檬酸0.27g、柠檬酸钾0.04g、无水磷酸钾2.27g、冷开水1000mL），充分溶解后让仔猪自由饮用。

第二节　流行性腹泻

猪流行性腹泻是由猪流行性腹泻病毒引起的猪的一种高度接触性肠道传染病。其特征为呕吐、腹泻、脱水。临床变化和症状与猪传染性胃肠炎极为相似。近年来，养猪场发病有增多趋势。在我国多发生在每年12月份至次年1~2月，夏季也有发病的报道。本病可发生于任何年龄的猪，年龄越小，症状越重，死亡率高。

一、流行病学

本病各年龄的猪都能感染发病。哺乳猪、架子猪或育肥猪的发病率较高，尤以哺乳猪受害最为严重，母猪发病率波动较大。本病多发生在寒冷季节，在我国每年12月至次年2月为高发期，夏季也有发病的报道。病猪和带毒猪是主要传染源。病毒存在于肠绒毛上皮细胞和肠系膜淋巴结，随粪便排出后，污染环境、饲料、饮水、交通工具及用具等而传染。主要感染途径是消化道。如果猪场不断有新生仔猪出生，则病原可能会在猪场持续感染较长时间。据报道，近年本病流行区域扩大，并与猪传染性胃肠炎、猪圆环病毒病等呈混合感染。

二、临床症状

潜伏期一般为5~8天，人工感染潜伏期为8~24小时。猪发病后主要表现为水样腹泻，或者伴随呕吐。呕吐多发生于采食或吃奶后。症状的轻重随年龄的大小而有差异，年龄越小，症状越重。一周龄内新生仔猪发生腹泻后3~4天，呈现严重脱水而死亡，死亡率可达50%，最高的死亡率达100%。病猪体温正常或稍高，精神沉郁，食欲减退或废绝。断奶猪、母猪常呈精神委顿、厌食和持续性腹泻大约一周，并逐渐恢复正常。少数猪恢复后生长发育不良。育肥猪在同圈饲养感染后都发生腹泻（图4-4），多数一周后康复，死亡率1%~3%。成年猪症状较轻，有的仅表现呕吐，重者水样腹泻3~4天可自愈。

图4-4 育肥猪精神委顿、厌食和持续性腹泻

三、病理变化

眼观变化仅限于小肠，可见小肠扩张，内充满黄色液体，肠系膜充血，肠系膜淋巴结水肿（图4-5），小肠绒毛缩短。组织学变化，见空肠段上皮细胞的空泡形成和表皮脱落，肠

图4-5 小肠扩张，内充满黄色液体，肠系膜充血

绒毛显著萎缩。绒毛长度与肠腺隐窝深度的比可由正常的7∶1降到3∶1。上皮细胞脱落最早发生于腹泻后2小时。胃常排空或充满胆汁样黄色液体。

四、鉴别诊断

猪传染性胃肠炎：粪中带血，有恶臭或腥臭味，极度口渴。剖检可见胃内有大量黄色凝乳块，肠内容物稀薄，胃黏膜潮红、溃疡，靠近幽门区有坏死区。

轮状病毒感染：剖检肠内容物浆液性或水样，胃底不出血。

圆环病毒：伴有呼吸道症状，剖检脾脏和全身淋巴结异常肿大，肾脏有白斑，肺脏橡皮状。

猪伪狂犬病：初生仔猪第二天即眼红、昏睡，体温41℃～41.5℃，口流泡沫或流涎，遇响声兴奋鸣叫，眼睑浮肿，头向后仰或作游泳状。剖检可见鼻腔、咽喉、扁桃体有炎性水肿。母猪发生流产。

猪痢疾：持续性腹泻，粪便内含有许多纤维蛋白或者血色的黏液。剖检结肠和盲肠黏膜肿胀、出血，大肠黏膜坏死、有纤维素性伪膜。

五、防治措施

冬季要加强防疫工作，禁止从疫区购入仔猪，防止狗、猫等进入猪场，严格猪场消毒制度。注意防寒保暖，垫草要干净、干燥、松软。发现病猪马上封锁、隔离，限制人员参观，严格消毒猪舍用具、车轮及通道。

预防可用猪传染性胃肠炎、猪流行性腹泻二联活疫苗，妊娠母猪于产前40日左右肌肉注射1头份/头，20～28日后免，其所生仔猪于断奶后7～10日内接种一头份/头，间隔14日二免。

该病的治疗目前尚无特效药物，为缩短病程，防止并发症的发生，促进病猪康复，应对症治疗。

病猪群每日使用口服补液盐（氯化钠3.5g、氯化钾1.55g、碳酸氢钠2.5g、葡萄糖20g、常水1000mL）自由饮用，应停喂饲料，多给清洁饮水，饮水中加入食用红糖和少许食盐，以弥补脱水过多。还可用稻谷、麸皮炒焦喂食以滞涩肠道。也可用康复母猪抗凝血或高免血清，口服10mL/天，连用3天有一定治疗效果。用2.5%恩诺沙星注射液0.1mL/kg肌内注射，每日1次。或用盐酸环丙沙星注射液2.5mg/kg，肌内注射，每日2次，可预防细菌继发感染。

第三节 轮状病毒感染

轮状病毒感染是由轮状病毒感染引起的仔猪爆发消化道功能紊乱的一种急性肠道传染病,大猪多隐性感染。多发生在晚秋、冬季和早春季节。轮状病毒主要存在于病猪的肠道内,随粪便排到外界环境,污染饲料、饮水、垫草和土壤,经消化道传染而感染其他猪。

一、流行病学

轮状病毒主要存在于病猪及带毒猪的消化道中,随粪便排到外界环境后,污染饲料、饮水、垫草及土壤等,经消化道途径使易感猪感染。该病毒对外界环境的抵抗力较强,在18℃～20℃的粪便和乳汁中能存活7～9个月。

二、临床症状

潜伏期一般为1～2天,病猪精神不振,食欲减少,不愿走动,仔猪吃奶后迅速发生呕吐及腹泻,粪便呈水样或糊状,黄白色、灰色或黑色,脱水明显(图4-6至图4-8)。初生仔猪感染率高,发病严重。10～20日龄仔猪症状轻,环境温度下降和继发大肠杆菌病常使症状加重和死亡率增高。

三、病理变化

病变主要在消化道,胃内有凝乳块,肠管变薄,小肠壁呈现半透明,内容物为液

图4-6 病猪腹泻、呕吐,粪便稀呈粥样或水样,混有黏液、血液,有的混有脓液

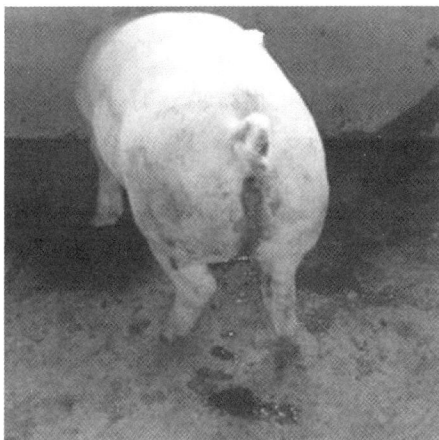

图4-7 病猪粪便呈黑糊状

图4-8 病猪出现呕吐

状，呈灰黄色或灰黑色，小肠绒毛缩短。有时小肠广泛出血，肠系膜淋巴结肿大。

四、诊断

一般诊断可根据多种动物发病，仔猪发病较重，有呕吐和下痢的临床症状、病理变化可作出初步诊断，确诊需进行实验室检查。

采取仔猪发病后24小时内的粪便装入青霉素空瓶，送实验室检查。世界卫生组织推荐的方法是夹心法酶联免疫吸附试验，也可做电镜或免疫电镜检查，均可迅速得出结论。还可采取病猪小肠前、中、后各一段，冷冻处理，以供荧光抗体检查。

五、防治措施

加强管理：保持圈舍清洁卫生，勤打扫、勤冲洗。仔猪要注意防寒保暖，增强母猪和仔猪的抵抗力；早吃初乳：在疫区要使新生仔猪及早吃到初乳，因初乳中含有一定量的保护性抗体，仔猪吃到初乳后可获得一定的抵抗力；消毒：经常对猪舍及用具进行消毒，可减少环境中病毒含量，也可防止细菌的继发感染，减少发病的机会；隔离病猪：发现病猪立即隔离到清洁、消毒、干燥和温暖的猪舍中，加强护理，喂易消化的饲料，及时清除病猪粪便及被其污染的垫草，消毒被污染的环境和器物。

疫苗接种：用猪轮状病毒油佐剂灭活苗或猪轮状病毒弱毒双价苗对母猪或仔猪进行预防注射。于怀孕母猪临产前30天向肌内注射油佐剂苗2mL；仔猪于7日龄和21日龄各注射1次，注射部位在后海穴（尾根和肛门之间凹窝处），每次每头注射0.5mL。弱毒苗于临产前5周和2周分别肌内注射1次，每次每头1mL。

第四节　猪痢疾

猪痢疾俗称猪血痢，是由致病性猪痢疾短螺旋体引起的猪的一种肠道传染病，其特征为黏液性或黏液性出血性下痢。目前本病已遍及全世界主要的养猪国家，但以7~12周龄的猪多发。猪痢疾仅见猪发病。不同年龄和品种猪均易感，小猪的发病率和病死率比大猪高。一般发病率约75%，病死率5%~25%。

一、流行病学

病猪或带菌猪是主要传染源，康复猪也可带菌达数月，经常从粪便中排出大量菌体，污染环境、饲料、饮水，或由饲养员、用具、运输工具携带，经消化道而传播。犬、鸟、苍蝇和小鼠也是重要带菌动物，不容忽视。猪痢疾通常由于引进带菌猪而流行，但也可发生于没有购入新猪历史的猪群，与传播媒介引起有关。

本病无明显季节性，流行过程缓慢，持续时间较长，常反复发病。运输、拥挤、寒冷、过热或环境卫生状况不良等都是本病发生的诱因。本病通常先在一个猪舍零星发生，随后逐渐蔓延。本病一旦传入猪群则很难根除。

二、临床症状

症状潜伏期3天~2个月，自然感染多为1~2周。最急性型往往突然死亡，大多数呈急性型，多数病初精神稍差，食欲减少，随后迅速下痢，粪便呈黄色柔软或水样；严重的在1~2天后粪便充满血液和黏液（图4-9），伴随腹痛和体温升高，维持数天；随着病程的发展，病猪精神沉郁，体重减轻，渴欲增加，粪便恶臭带有血液、黏液和坏死上皮组织碎片，病猪迅速消瘦，弓腰缩腹，起立无力，极度衰弱，最后死亡或转为慢性型。慢性型病情时轻时重，表现下痢，黏液及坏死组织碎片较多，血液较少，病期较长，进行性消瘦，生长发育不良，不少病例能自然康复，部分康复后复发，甚至死亡。

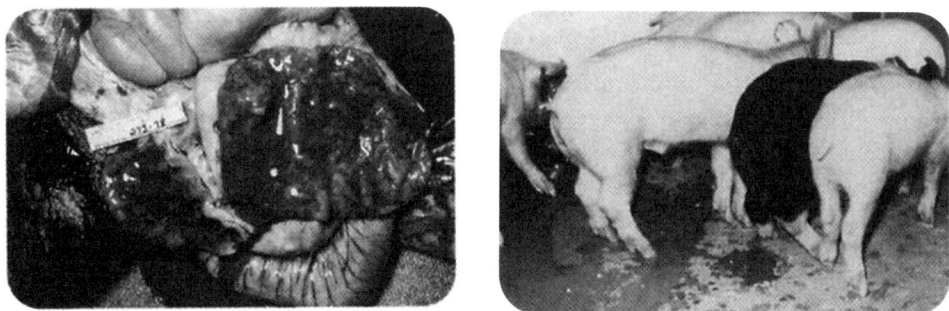

图4-9　粪便充满血液和黏液

三、病理变化

病理变化局限于大肠、结肠和盲肠，回盲瓣为明显分界，并混有带血黏液。大肠黏膜肿胀，并覆盖着黏液和带血块的纤维素性渗出物，大肠内容物软至稀薄并混有黏液、血液和组织碎片；当病情进一步发展时，黏膜表面坏死形成伪膜；有时黏膜上覆盖成片的薄而密集的纤维素，剥离伪膜则露出浅表糜烂面。其他脏器无明显病理变化。

四、鉴别诊断

类症鉴别本病应注意与沙门氏菌病、猪增生性肠炎、结肠炎等腹泻性疾病相鉴别，同时还应注意与猪瘟、传染性胃肠炎、猪流行性腹泻及其他胃肠道疾病相鉴别。根据特征性流行规律、临床症状及病理变化等可作出初步诊断，必要时可进行实验室细菌学检查和血清学诊断。实验室诊断有以下几种：

（1）定性诊断：一般取急性病例的猪粪便和肠黏膜制成涂片染色，用暗视野显微镜检查，每视野见有3～5条短螺旋体，可以做定性诊断依据。

（2）分离鉴定：确诊需从结肠黏膜和粪便采集样品，接种特殊培养基，分离出猪痢疾短螺旋体，并通过动物试验确定（可做肠致病性试验鉴定致病性，也可用PCR方法进行病原体的快速鉴定）。

（3）血清学方法：包括凝集试验、间接荧光抗体、被动溶血试验、ELISA等，其中ELISA和凝集试验较常用，可用于猪群检疫和综合诊断。

沙门氏菌病：皮肤有紫红色斑点，亚急性型（结肠炎型）眼有脓性分泌物、粪便淡黄或灰绿色，恶臭。剖检肝实质可见糠麸状细小黄灰色坏死点，脾肿大坚如橡皮，肠壁肥厚，黏膜坏死，肠系膜梭状肿大，软而红，如大理石状，全身浆膜和黏膜不同程度出血。

猪增生性肠炎：病变主要见于小肠，小肠肠壁增厚、肠管变粗。

仔猪红痢：粪便红褐色，剖检病变主要在空肠，可见出血、暗红色。

五、防治措施

目前尚无疫苗进行预防，加强引种检疫，全进全出。对病猪的粪便污物进行彻底的消毒，对发病猪只实施隔离治疗，可收到较好效果。

常用药物及用法如下。

（1）5%乙酰甲喹注射液，每10kg体要0.4～1mL。肌内注射，每日2次，连用3～5天为一疗程。

（2）新霉素140g/天，拌料喂饲，连喂3～5天；作预防按100g/天，连用20天。

（3）土霉素100～200g/天，拌料喂饲，连喂3～5天，预防时用量减半。

对剧烈下痢者还应采用补液、强心等对症治疗。由于该病易复发，所以应坚持采用综合性防治措施，并配合药物治疗，方可收到较好效果。

第五节　大肠杆菌病

猪大肠杆菌病是由病原性大肠杆菌引起的仔猪一组肠道传染性疾病，常见的有仔猪黄痢、仔猪白痢和仔猪水肿病三种，以发生肠炎、肠毒血症为特征。

一、仔猪黄痢

仔猪黄痢是仔猪以剧烈腹泻、排黄色水样稀便、迅速死亡为特征的一种传染病，多发于3日龄左右的仔猪，发病率高，死亡率高。7日龄以上的仔猪发病极少。

（一）流行特点

本病在世界各地均有。炎夏和寒冬潮湿多雨季节发病严重，春、秋温暖季节发病少。猪场发病严重，分散饲养的发病少。头胎母猪所产仔猪发病最为严重，随着胎次的增加，仔猪发病逐渐减轻。这是由于母猪长期感染大肠杆菌而逐渐产生了对该菌的免疫力。在新建的猪场，本病的危害严重，之后发病逐渐减轻也就是这个原因。新生24小时内仔猪最易感染发病。一般在出生后3天左右发病，最迟不超过7天。在梅雨季节也有生后12小时发病的。头胎母猪产的仔猪最易发生本病，随着日龄的增长，发病率和致死率逐渐减少。

（二）临床特征

潜伏期短，一般在24小时左右，长的也仅有1～3天，个别病例到7日龄左右发病。窝内自发生第一头病猪，一两天内同窝猪相继发病。最初为突然腹泻，排出稀薄如水样粪便（图4-10），黄至灰黄色，混有小气泡并带腥臭，随后腹泻愈加严重，数分钟即泻一次。病猪口渴、脱水，但无呕吐现象，严重者可致昏迷死亡。

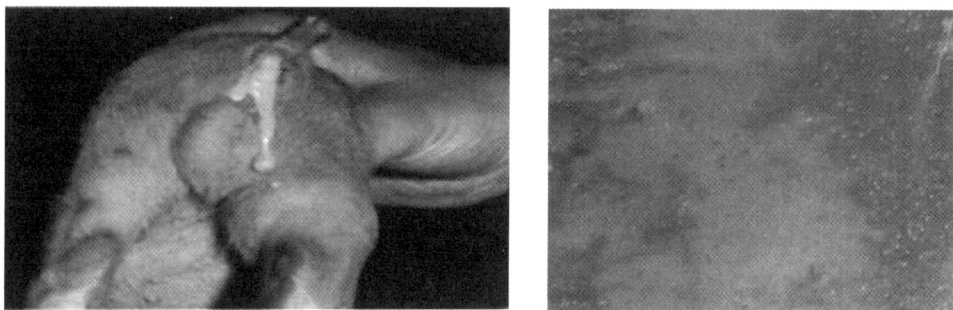

图4-10　仔猪排出黄色稀粪

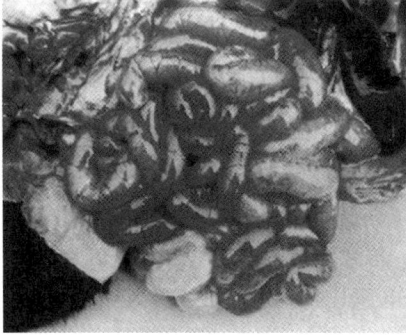

图4-11 小肠气肿、充血，肠内充盈黄色稀便

（三）病理变化

主要病变是胃肠卡他，肠壁变薄、松弛、充气，尤以十二指肠最为严重。肠黏膜肿胀、充血或出血（图4-11）；肠系膜淋巴结肿大，色淡或呈黄色，质地柔软而脆弱，有的表面有弥漫性小点出血，切面多汁；心、肝、肾有变性，重者有出血点。

（四）鉴别诊断

根据流行特点、临床症状、病理变化可作出初诊。确诊需做细菌分离培养和鉴定。

细菌学检查无菌采取病死猪的肝、肺组织，分别培养于血琼脂培养基上，置37℃培养24小时后，生长有乳白色、湿润、光滑、边缘整齐的菌落，直径从针尖至3mm大小不等。刮取大小不等的菌落涂片，革兰染色，镜检均为阴性小杆菌，两极浓染，似两个小球菌连接在一起。刮取大小不等的菌落，分别培养于麦康凯和伊红-亚甲蓝琼脂培养基，置37℃培养24小时后，麦康凯琼脂培养基上均生长出红色、湿润、光滑、边缘整齐的菌落，大小约3mm。伊红-亚甲蓝琼脂培养基上均生长出黑色、带金属光泽、湿润、光滑、边缘整齐的菌落，大小为2~3mm。分别刮取两种培养基上的菌落，涂片，染色，镜检，均为革兰阴性杆菌，但菌体比在血琼脂培养基上培养的菌体明显增大。

生化试验：VP试验阴性，甲基红试验阳性，枸橼酸盐利用试验阴性，吲哚试验阳性。

动物实验取培养物用生理盐水稀释，接种于小白鼠，每个菌落接种2只小白鼠，每只小白鼠0.5mL，共接种8只小白鼠；另取2只小白鼠，各注入0.5mL生理盐水做对照。接种细菌的8只小白鼠均在24小时内死亡。剖检小白鼠，仅见肺部有出血症状，取其肺组织培养于血琼脂培养基上，所生长的菌落形态同原菌落形态一致。涂片，镜检，细菌形态也同原细菌形态一致，只是比原细菌的菌体更大一些。

（五）防治措施

此病若出现症状时再治疗，往往效果不佳。在发现第1例病猪后，应立即对所有与病猪接触过的未发病仔猪进行药物预防，则防治效果较好。大肠杆菌易产生抗药菌株，宜交替用药，如果条件允许，最好先做药敏性试验后再选择用药。预防本病的关键是加强饲养管理，母猪分娩时专人守护，所产仔猪放在有干净垫草箩筐内，待产仔完毕后用0.1%高锰酸钾溶液清洗乳头。圈舍用生石灰消毒，注意保持猪舍环境清洁、干燥。

二、仔猪白痢

仔猪白痢是由大肠杆菌引起的10日龄左右仔猪发生的消化道传染病。临床上以排灰白色粥样稀便为主要特征，发病率高而致死率低。

（一）流行特点

本病一般发生于10~30日龄仔猪，7日龄以内及30日龄以上的猪很少发病。此病的发生与饲养管理及猪舍卫生有很大关系，在冬、春两季气温剧变、阴雨连绵或保暖不良及母猪乳汁缺乏时发病较多。一窝仔猪有一头发病后，其余的往往同时或相继发病。

（二）临床特征

体温一般无明显变化。病猪腹泻，排出白、灰白以至黄色粥状有特殊腥臭的粪便（图4-12）。同时，病猪畏寒、脱水、吃奶减少或不吃，有时可见吐奶。除少数发病日龄较小的仔猪易死亡外，一般病猪病情较轻，易自愈，但多反复而形成僵猪。病理剖检无特异性变化，一般表现消瘦和脱水等外观变化。部分肠黏膜充血，肠壁变薄而带半透明状，肠系膜淋巴结水肿（图4-13）。

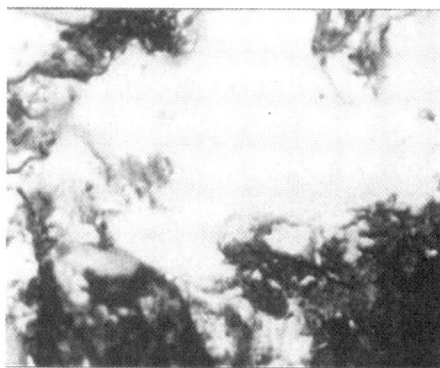

图4-12 仔猪排出白色稀粪

（三）鉴别诊断

根据发病日龄、排出物的特征以及病死率不高，通常即可作出诊断。

（四）防治措施

由于本病病因尚不十分明确，因此疫苗预防效果往往并不理想，药物预防可参照仔猪黄痢的预防方案。

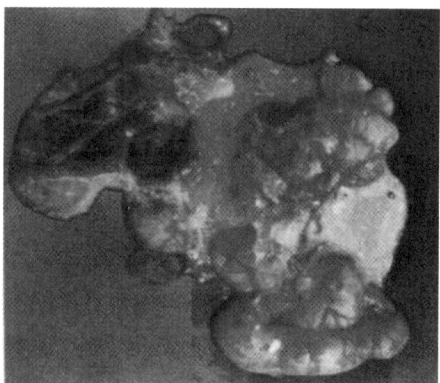

图4-13 病猪小肠气肿、充血，肠内充盈白色稀粪

三、仔猪水肿病

仔猪水肿病是由溶血性大肠杆菌毒素所引起的以断奶仔猪眼睑或其他部位水肿、神经症状为主要特征的疾病，俗称小猪摇摆病。该病多发于仔猪断奶后1~2周，发病率低，死广率高。

（一）流行病学

本病多发生于断奶后的肥胖幼猪，以4~5月份和9~10月份较为多见，特别是气候突变和阴雨后多发。据观察，水肿病多发生在饲料比较单一而缺乏矿物质（主要为硒）和维生素（B族及E）的猪群。

（二）临床特征

临床特征表现为病猪盲目行走或转圈，共济失调，口吐白沫，叫声嘶哑，进而倒地抽搐，四肢呈游泳状，逐渐发生后躯麻痹，卧地不起，在昏迷状态中死亡。体温在病初可能升高，很快降至常温或偏低。眼睑或结膜及其他部位水肿。病程数小时至2天。

（三）病理变化

全身多处组织水肿，胃壁黏膜水肿是本病的特征性病变。胃壁黏膜水肿多见于胃大弯和贲门部。水肿发生在胃的肌肉和黏膜层之间，切面流出无色或混有血液而呈茶色的渗出液，或呈胶胨状。水肿部的厚度不一致，薄者仅能察见，厚者可达3cm左右，面积3.3~13.2cm^2。大肠肠系膜水肿，结肠肠系膜胶胨状水肿亦很常见。此外，大肠壁、全身淋巴结、眼睑和头颈部皮下亦有不同程度的水肿。除了水肿的病变外，胃底和小肠黏膜、淋巴结等有不同程度的充血。心包、胸腔和腹腔有程度不等的积液。

（四）防治措施

本病主要采取对症治疗，在发病初期，可投服适量缓泻剂，促进胃肠蠕动，以排除肠内容物。可使用利尿、强心镇静及消除水肿的药物或一些敏感抗菌药进行治疗。

第六节 仔猪副伤寒

仔猪副伤寒是由沙门氏菌属细菌引起的1~4月龄仔猪的一种常见传染病，临床症状急性者以败血症，慢性者以坏死性肠炎、卡他性或干酪性肺炎为特征。

一、流行病学

病猪和带菌猪是主要传染源，可从粪、尿、乳汁以及流产的胎儿、胎衣和羊水排菌。本病主要经消化道感染。交配或人工授精也可感染。另据报道，健康畜带菌（特别是鼠伤寒沙门氏菌）相当普遍，当受外界不良因素影响以及动物抵抗力下降时，常出现内源性感染。本病主要侵害6月龄以下猪，尤以1~4月龄猪多发。6月龄以上猪很少发病。本病一年四季均可发生，但阴雨潮湿季节多发。本病潜伏期为数天，或长达数月，与猪体抵抗力及细菌的数量、毒力有关。

二、临床症状

急性型：又称败血型，多发生于断乳前后的仔猪，常突然死亡，表现体温升高（41℃～42℃），病程稍长者，病猪出现腹痛，下痢，呼吸困难，耳根、胸前和腹下皮肤有紫斑，多以死亡告终。病程1～4天。

慢性型：表现体温升高，眼结膜发炎，有脓性分泌物。初便秘后腹泻，排灰白色或黄绿色恶臭粪便。病猪消瘦，皮肤有痂状湿疹。病程持续可达数周，终至死亡或成为僵猪。

三、病理变化

急性型：急性型以败血症变化为特征。尸体膘度正常，耳、腹、胁等部皮肤有时可见淤血或出血，并有黄疸。全身浆膜、（喉头、膀胱等）黏膜有出血斑。脾肿大，坚硬似橡皮，切面呈蓝紫色。肠系膜淋巴结索状肿大，全身其他淋巴结也不同程度肿大，切面呈大理石样（图4-14）。肝、肾肿大、充血和出血，胃肠黏膜呈卡他性炎症（图4-15）。

图4-14
淋巴结切面呈大理石样

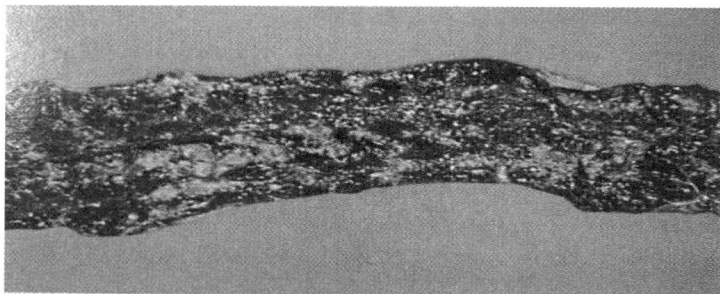

图4-15　肠黏膜卡他性炎症

慢性型：以坏死性肠炎为特征，多见盲肠、结肠，有时波及回肠后段。肠黏膜上覆有一层灰黄色腐乳状物，强行剥离则露出红色、边缘不整的溃疡面。如滤泡周围黏膜坏死，常形成同心轮状溃疡面。肠系膜淋巴索状肿，有的干酪样坏死。脾稍肿大，肝有可见灰黄色坏死灶。有时肺发生慢性卡他性炎症，并有黄色干酪样结节。

四、鉴别诊断

根据临床症状和病理变化可做出初步诊断，确诊需进一步做实验室诊断。

（一）细菌培养及镜检

无菌采取脾脏、肠系膜淋巴结、肠内容物，接种于营养琼脂平板上或肉汤，置37℃培养24小时后，挑选可疑菌落（中等大小、表面光滑、湿润、无色半透明）进行革兰染色镜检，可见革兰阴性粗短杆菌，肉汤均匀浑浊，管底有少许沉淀。在SS选择培养基上划线纯培养，生成为无色透明的菌落。

（二）涂片与菌体镜检

取分离菌纯培养物涂片，进行革兰染色镜检，可观察到无荚膜、无芽孢的短杆状菌体，周身有菌毛，有鞭毛，可运动。

（三）生化反应

用上述纯培养物做生化反应试验，结果均对甘露醇、葡萄糖、麦芽糖、鼠李糖、木糖等产酸或阳性，对乳糖、蔗糖、阿拉伯胶、硫化氢等无反应。以24小时肉汤培养物做5倍稀释后接种小白鼠，皮下注射0.1mL，经6～7天小白鼠精神沉郁，2周内小鼠全部死亡。腹围增大，经剖检见有腹水；肝脏肿大、出血、质脆，有坏死点；肾肿大2倍以上，充血，肾皮质出血；胃幽门出血，腺区黏膜脱落、变薄、与肝粘连，有纤维素性渗出物；肺出血，有坏死点，有纤维素性渗出物；脾脏高度肿大、充血；十二指肠变薄，充满黄色水样内容物，出血；肠系膜水肿、出血，淋巴水肿。

（四）血清学诊断

凝集试验法，将沙门菌A～F群价血清1滴置载玻片上，然后用铂耳勺挑取培养物少许，在血清滴中混合均匀后观察，如发生凝集呈阳性反应，再分别用零单价血清做定组鉴定，以确定所属群别。

五、防治措施

本病是仔猪的饲养管理及卫生条件不良促进发生和传播的。首先应该改善饲养管理和卫生条件，消除发病诱因，增强仔猪的抵抗力。饲养管理用具和食槽经常洗刷，圈舍要清洁，经常保持干燥，及时清除粪便，以减少感染机会。哺乳及培育仔猪防止乱吃脏物，给喂优质而易消化的饲料，防止突然更换饲料。本病常发地区，可对1月龄以上哺乳或断奶仔猪，用仔猪副伤寒活疫苗进行预防，按瓶签注明头份，用20%氢氧化铝生理盐水稀释，每头肌肉注射1mL，免疫期为9个月；口服时，按瓶签说明，服前用冷开水稀释，每头份5～10mL，掺入少量新鲜冷饲料中，让猪自行采食。口服免疫反应轻微，可将1头剂疫苗稀释于5～10mL冷开水中给猪灌服。

发病后的措施：①病猪及时隔离和治疗。②圈舍要清扫、消毒，特别是饲槽要经常刷洗干净。粪便及时清除，堆积发酵后利用。③根据发病当时疫情的具体情况，对假定健康猪可在饲料中加入抗生素进行预防。连喂3~5天，有预防效果。④死猪应深埋，切不可食用，防止人发生中毒事故。

第七节　梭菌性肠炎

猪梭菌性肠炎是由C型产气荚膜梭菌引起的初生仔猪肠毒血症，又称仔猪红痢，以腹泻（血痢）、肠坏死、病程短、病死率高为特点。

一、流行特征

该病是C型产气荚膜梭菌及其芽孢在人畜肠道、粪便、土壤等广泛存在所致，新生仔猪通过污染的母猪乳头、地面或垫草等吃入本菌芽孢而感染。该病多发于1~3日龄仔猪，1周龄以上的仔猪发病很少。同一猪群内各窝仔猪的发病率不同，最高可达100%，病死率20%~70%。该病一旦传入一个猪群，病原就会长期存在，如果预防措施不力，该病可连年在产仔季节发生，造成严重危害。

二、临床症状

仔猪初生当天就可出现出血性腹泻（血痢），后躯沾满带血稀粪。精神不振，走路摇晃，迅速进入濒死状态。部分仔猪无血痢现象。慢性病例病程一至数周，呈间歇性或持续性腹泻。粪便为灰黄色黏液状，肛门周围、尾巴及后躯被稀便污染，干燥后形成干粪球附着于后躯或尾巴上。病猪精神尚好，但生长停滞，最终衰竭死亡或成为僵猪。

三、病理变化

剖开腹腔，可观察到大量樱桃红色积液。病变主要发生于空肠，有时也可延至回肠，十二指肠一般无病变。空肠呈暗红色，与正常肠段界限分明，肠腔内充满暗红色液体，有时包括结肠在内的后部肠腔也有含血的液体。肠黏膜及黏膜下层广泛出血，肠系膜淋巴结鲜红色。

四、鉴别诊断

仔猪黄痢：仔猪拉黄色糨糊状稀粪，内含凝乳小片，有腥臭，肛门松弛，捕捉时因挣扎而排出稀粪。剖检胃内容物充满酸臭凝乳块，胃底黏膜潮红，肠壁变薄，肠腔内充满腥臭的黄色、黄白色稀薄的内容物。

仔猪白痢：多发于10~20日龄仔猪，粪便白色糊状，有腥臭。剖检胃底黏膜充血、出血，肠壁变薄，灰白色半透明，肠黏膜易剥离，肠内空虚，有大量气体和少量酸臭的内容物。

猪伪狂犬病：发病时眼红，闭目昏睡，流涎、呕吐，两耳竖立，遇声响兴奋鸣叫，站立不稳，摔倒后四肢作划水状。剖检鼻、咽喉有炎性浸润。

猪传染性胃肠炎：大小猪均可发生，10日龄仔猪死亡率高。病初呕吐，粪便水样，呈黄色、绿色或白色，常含有未消化的凝乳块，恶臭或腥臭。剖检可见小肠气性膨胀，内容物稀薄，呈黄色、灰白或黄绿色，泡沫状液体，胃有大量凝乳块，胃底潮红，有溃疡。

猪流行性腹泻：大小猪均可发生，发病率、高死亡率低。开始时粪便呈黄色黏稠，后为水样，粪中含有凝乳块。剖检胃内有多量黄白色凝乳块，小肠胀满，充满黄色液体，肠壁变薄，系膜充血，肠系膜淋巴结水肿。

五、防治措施

加强猪舍及周边环境的消毒工作，产房要清扫干净，并用消毒药进行消毒，母猪奶头要用清水擦干净，以减少本病的发生和传播。对常发病猪场，给怀孕母猪产前1个月及产前半个月各肌内注射仔猪红痢氢氧化铝菌苗5~10mL，以后每次在产仔前半个月注射3~5mL，能使母猪产生强免疫力。初生仔猪可从免疫母猪的初乳中获得抗体，对仔猪的保护力几乎可达100%。

该病发病急、死亡快，多来不及救治，但用以下药物可以控制病情。

（1）对刚出生的乳猪，在未吃初乳前后3天，用青霉素8.0×10^4IU、链霉素$8.0 \times 10^5 \times$IU加蜂蜜涂抹于仔猪舌面，对预防该病有效果。

（2）磺胺嘧啶0.2~0.8g/kg、甲氧苄啶40~160mg/kg、活性炭0.5~1.0g/kg，混匀1次喂服，2~3次/天。

（3）白头翁、瞿麦、黄连、黄芩、地榆、诃子、白术、苍术各20g，甘草10g，供10头仔猪服用。日服1剂，水煎2次，候温，仔猪自由饮服或灌服2次，连服3剂。

第五章　生殖系统疾病类症鉴别与诊治

生殖系统疾病类症一般在临床上表现为猪繁殖障碍，以妊娠母猪流产，产出死胎、木乃伊胎、无活力的弱仔、畸形儿和公母猪的不育症为主要特征。主要的疾病有猪流行性乙型脑炎、猪细小病毒病、猪伪狂犬病、猪繁殖与呼吸综合征、猪布鲁氏菌病、李氏杆菌病、猪衣原体病、钩端螺旋体病、猪弓形虫病等。除此之外，母猪卵巢发育不全、卵巢囊肿、持久性黄体、生殖器官畸形以及饲养管理不当等也会表现猪繁殖障碍。

第一节　猪流行性乙型脑炎

流行性乙型脑炎又称日本乙型脑炎，是由流行性乙型脑炎病毒引起的一种人畜共患传染病。临床特征是妊娠母猪流产、产死胎，公猪发生睾丸炎。传播媒介为蚊虫，流行有明显的季节性。

一、流行病学

马、猪、骡、驴、牛、鸡、鸭、野鸟以及人等都有易感性，其中马最易感，猪和人次之，其他动物多隐性感染，幼龄动物较成年动物易感。不同品种、年龄、性别的猪均易感。

流行性乙型脑炎是自然疫源性疾病，多种动物和人感染后都可成为本病的传染源。

本病主要通过带病毒的蚊虫叮咬而传播。在热带地区，本病全年均可发生。在亚热带和温带地区本病有明显的季节性，主要在夏季至初秋的7~9月份流行，这与蚊的生态学有密切关系。本病在猪群中的流行特征是感染率高，发病率低，绝大多数在病愈后不再复发，成为带毒猪。

二、临床症状

病猪体温突然升高达40℃～41℃，呈稽留热，可持续几天至十几天。精神沉郁、嗜睡，食欲减退，饮欲增加。肠音减弱，粪便干燥呈球状，有时表面附有灰黄色或灰白色黏液，尿呈深黄色。有的病猪后肢轻度麻痹，关节肿大，跛行。个别表现神经症状，视力障碍，乱冲乱撞，最后后肢麻痹，倒地死亡。

妊娠母猪常突发性地流产或早产，流产的胎儿有死胎、木乃伊胎（图5-1）。也有部分为弱胎，外表正常但衰弱不能站立，也有的生后1～3天全身抽搐，出现神经症状而死亡。同一胎的仔猪大小不等，小的如人的拇指，大的与正常胎儿无较大差别，此外，同一胎的仔猪在病变上也有很大差别。流产多在妊娠后期发生，流产后症状减轻，体温、食欲恢复正常，大多母猪流产后对继续繁殖无影响。少数母猪产后胎衣不下，子宫内膜发炎。

公猪突出表现是在发热后发生睾丸炎，多为单侧性，少为双侧性的（图5-2）。睾丸明显肿大，肿胀程度为正常的0.5～1倍，触诊有热痛感，具有诊断意义，但须与布鲁氏菌病相区别。一般3～5天后肿胀消退或恢复正常，睾丸逐渐萎缩变硬，性欲减退，精液品质下降，失去配种能力而被淘汰。

图5-1　流产、死产、木乃伊胎

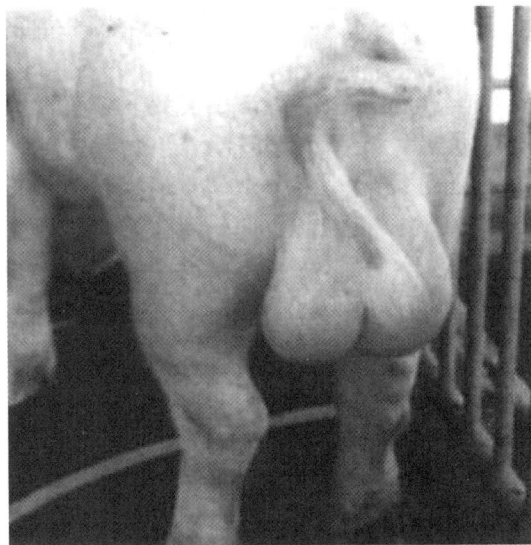

图5-2　公猪睾丸肿大
（引自潘耀谦等）

三、病理变化

流产母猪子宫内膜显著充血、水肿，黏膜表面附有黏液性分泌物，刮去分泌物可见黏膜上有小点状出血，黏膜肌层水肿，胎盘呈炎性反应。流产的仔猪多为死胎，大小不等，有的呈木乃伊化。小的呈黑褐色，干缩而硬固；中等大的呈茶褐色或暗褐色，皮下胶样浸润；正常大小的死胎常由于脑水肿而头部肿大（图5-3），体躯后部皮下有弥漫性水肿，浆膜腔积液，肝脏和脾脏有坏死灶血。公猪主要表现为一侧或两侧睾丸肿胀，阴囊的皱襞消失而发亮。睾丸实质充血、出血，切面有大小不等的黄色坏死灶（图5-4）。慢性病例睾丸萎缩、硬化，睾丸与阴囊粘连，实质结缔组织化。具有神经症状的病猪，剖检常见脑水肿，颅腔和脑室内积液，大脑皮层因脑室积水的压迫而变成含有皱襞的薄膜。

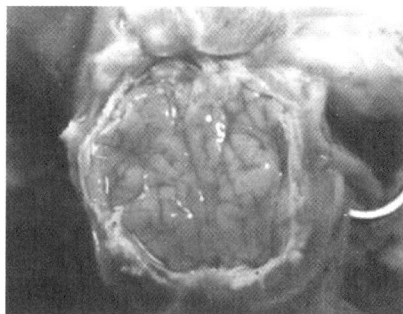

图5-3　病猪脑内水肿
（引自潘耀谦等）

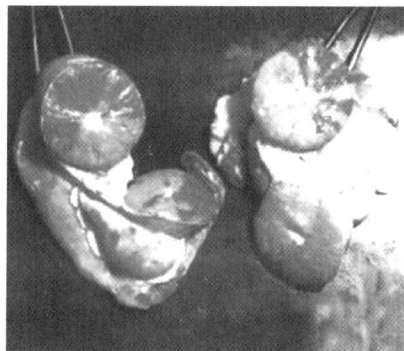

图5-4　睾丸实质充血、出血和黄色坏死灶
（引自潘耀谦等）

四、鉴别诊断

根据本病有明显的季节性及母猪流产，产死胎、木乃伊胎，公猪发生睾丸炎，可做出初步诊断。确诊需进行实验室诊断。

临床上需鉴别诊断猪细小病毒病、猪伪狂犬病和猪布氏杆菌病。猪细小病毒病无季节性，临床表现为初产母猪流产，产出死胎、木乃伊胎或弱仔，母猪除流产外无其他症状；伪狂犬病无季节性，妊娠母猪流产，产出死胎以及木乃伊胎，流产胎儿的大小无显著差别，除母猪流产外，常有较多的哺乳仔猪表现神经症状，兴奋、痉挛、麻痹而死亡。公猪无睾丸肿大现象；猪布鲁氏杆菌病无明显季节性，流产多发生于妊娠的第3个月，多为死胎，胎盘上有广泛的出血点，极少有木乃伊胎。公猪睾丸多为两侧肿胀，附睾也肿大。

猪布氏杆菌病：流产无明显的季节性，流产多发生在妊娠后第4～12周，也有2～3周即流产。阴户流黏性或脓性分泌物。剖检子宫黏膜有黄色大小结节，胎膜变厚、呈胶冻样，胎膜有大量出血点。仔猪无神经症状。公猪两侧睾丸肿大。

猪繁殖与呼吸综合征：母猪早产、流产。剖检全身淋巴结肿大，呈灰白色，肺轻度水肿，暗红色，有局灶性出血型肺炎灶。公猪无睾丸炎，仔猪无神经症状。

猪细小病毒病：流产、死胎、木乃伊胎多发于初产母猪。剖检肝、脾、肾等脏器肿大脆弱或萎缩、发暗，不见公猪睾丸炎和仔猪神经症状。

猪伪狂犬病：口流白沫，两耳后竖。剖检胎盘凝固性坏死，胎儿实质脏器凝固性坏死。

猪传染性脑脊髓炎：3周以上的猪很少发生。母猪不见流产，公猪无睾丸炎。

猪链球菌病：出现败血症和多发性关节炎、脓肿等症状。用青霉素等抗生素治疗有效果。

李氏杆菌病（脑膜炎型）：多发生于仔猪。剖检脑干、延髓和脊髓变软，有小的化脓灶。

猪衣原体病：呼吸急促，流黏性鼻液，排含血粪便。剖检可见肠、肺脏、肾、关节出现炎性水肿，脑膜无变化。

猪钩端螺旋体病：皮肤发红，尿黄、茶色或血尿。剖检胸腔、心包含黄色积液，心内膜、肠系膜、膀胱出血。

猪弓形虫病：病猪高热，耳翼、鼻端出现淤血斑、结痂和坏死。剖检淋巴结肿大、出血，肺膈叶和心叶间质性水肿，内有半透明状胶冻样物质，实质有白色坏死灶或出血点。

五、防治措施

预防流行性乙型脑炎，须从猪的管理、消灭蚊虫和免疫接种3个方面采取措施。

平时加强饲养管理，搞好畜舍及其周围的环境卫生，增加机体的抵抗力。选用双硫磷等杀虫剂对猪舍进行定期灭蚊。为了提高畜群的免疫力，常发地区在蚊虫活动前1～2个月，用乙型脑炎弱毒疫苗（现在常用的疫苗有2-8株、5-3株、14-2株）进行免疫接种。一般第1年以两周的间隔注射两次，第2年加强免疫一次，免疫期可达3年。因有母源抗体干扰，5月龄以上的种猪方可接种，5月龄以下的猪免疫效果不佳。

发病猪应立即隔离，做好护理工作，可减少死亡。本病无特效疗法，为了防止继发感染，可采取对症疗法和支持疗法，如用20%磺胺嘧啶钠注射液5～10mL，静脉注射。

改善猪舍环境卫生，驱灭蚊虫。在蚊虫活动季节应注意饲养场的环境卫生，经常进行沟渠疏通以排除积水、铲除蚊虫滋生地，在蚊蝇繁殖季节要定期用药毒杀、烟熏、药诱、灯诱捕杀，有条件的门窗加纱布阻挡。由于乙脑病毒能在蚊虫体内繁殖，并可越冬，经卵传递，成为次年感染动物的来源，所以冬季还应设法消灭越冬蚊。

疫苗预防。在蚊虫活动前1～2个月，对后备和生产种公猪及种母猪用乙型脑炎弱毒疫苗或油乳剂灭活苗进行免疫接种，第1年以2周的间隔时间注射2次，以后每年注射1次。

本病尚无有效疗法，主要采取降低颅内压、调整大脑机能、解毒等综合治疗措施。

采用静脉注射溴化钙或安溴合剂以减轻兴奋。降低颅内压，可静脉注射20%甘露醇或25%的山梨醇及25%～50%葡萄糖溶液。

维护心脏机能可注射安钠咖或樟脑磺酸钠，同时静脉注射40%乌洛托品。为防止并发症，可肌内注射青霉素、链霉素或磺胺类药物。配合人工盐每天2次，以增强胃肠蠕动，促进胃肠功能恢复。

第二节　猪细小病毒病

猪细小病毒病是由猪细小病毒引起的一种繁殖障碍性传染病。临床以感染母猪，特别是初产母猪产出死胎、畸形胎、木乃伊胎及病弱仔猪为特征。目前尚无非怀孕母猪感染后出现临床症状或造成经济损失的报道。

一、流行病学

猪是唯一的易感动物，不同年龄、性别的家猪和野猪都可感染。

该病的传染源包括感染的母猪、公猪和隐性感染的猪。感染母猪所产死胎、弱仔及子宫分泌物中均含有高滴度的病毒，可污染圈舍内外的环境。感染公猪的精细胞、精索、附睾和副性腺等都含有病毒，配种时可传给易感母猪。本病除胎盘感染和交配感染外，还可通过呼吸道和消化道感染。另外，鼠类也可机械性地传播本病。

本病常见于初产母猪，一般呈流行性或散发。多发生在每年4～10月份或母猪产仔和交配后。本病一旦发生，可持续多年，病毒主要侵害新生仔猪、胚胎、胚猪。

二、临床症状

仔猪和母猪的急性感染通常都表现为亚临床症状。猪细小病毒感染的主要特征是母猪的繁殖障碍，但其临床表现取决于病毒感染时母猪的妊娠时期。感染母猪可能再度发情，或既不发情也不产仔，或只产出少数仔猪，或产出大部分死胎、弱仔及木乃伊胎等（图5-5）。一般妊娠50～60天感染时多出现死产，妊娠70天感染的母猪常出现流产，而妊娠70天以后感染的母猪则多能正常产仔，但这些仔猪常常有抗体和病毒。细小病毒感染引起繁殖障碍的其他表现还有母猪发情不正常、久配不孕、新生仔猪死亡、产出弱仔、妊娠期和产仔间隔延长等现象。病毒感染对公猪的受精率或性欲没有明显的影响。

三、病理变化

该病无特异性的眼观病变，仅见母猪子宫内膜有轻微炎症（图5-6），胎盘部分钙化（图5-7），胎儿在子宫溶解、吸收。死胎表现皮肤、皮下充血或水肿，胸、腹腔积液。肝、脾、肾有时肿大脆弱或萎缩。此外，还见到畸形胎儿、干尸化胎儿（木乃伊儿）及骨质不全的腐败胎儿。

病理组织学变化表现为妊娠母猪黄体萎缩，子宫黏膜上皮和固有层有局灶性或弥漫性单核细胞浸润。取死产的胎儿脑组织做组织学检查，可见非化脓性脑炎变化，血管外

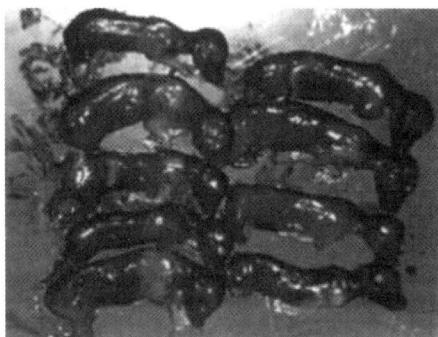

图5-5 木乃伊胎
（引自潘耀谦等）

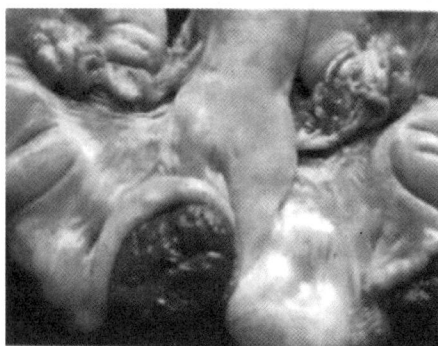

图5-6 含木乃伊胎的子宫黏膜充血和卡他性炎症
（引自潘耀谦等）

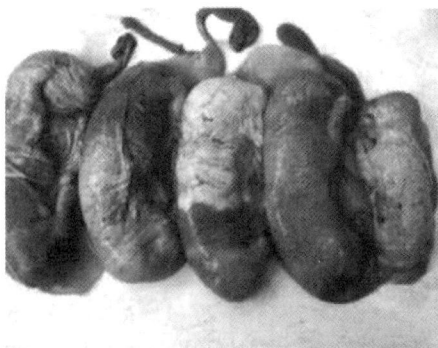

图5-7 胎盘钙化不全
（引自江斌等）

膜细胞增生，浆细胞浸润，在血管周围形成细胞性"管套"，主要出现在大脑灰质、白质、脑软膜、脊髓和脉络丛处。肺、肝、肾等的血管周围也可见炎性细胞浸润，还可见间质性肝炎、肾炎和伴有钙化的胎盘炎。

四、鉴别诊断

猪繁殖与呼吸综合征：体温升高，呼吸困难，耳部皮肤发绀。剖检全身淋巴结肿大，脾边缘有丘状凸起。

猪伪狂犬病：体温升高、口流泡沫、兴奋、站立不稳。剖检见胎盘有凝固性坏死，胎儿的肝、脾、脏器淋巴结出现凝固性坏死。

猪日本乙型脑炎：发病高峰在7~9月，体温较高，存活仔猪出现震颤、抽搐等神经症状。剖检脑室有黄红色积液，脑肿胀、出血，脑沟回变浅、出血。公猪出现单侧睾丸炎。

猪布氏杆菌病：母猪流产多发生在4~12周。阴户流有黏性或脓性分泌物。剖检子宫黏膜有黄色结节，胎膜变厚，呈胶胨样，胎盘有大量出血点。公猪发生睾丸炎。

猪衣原体病：仔猪皮肤发绀，寒战、步态不稳、腹泻。剖检出现肺炎、肠炎、关节炎等症状。公猪出现睾丸炎、尿道炎等。

根据猪场中母猪流产，产死胎、木乃伊胎，而母猪本身及同一猪场内公猪无变化时，可怀疑为该病。此外，还应根据其流行特点、猪群的免疫接种以及主要发生于初产母猪等因素进行初步诊断。

该病在诊断时应注意与猪流行性乙型脑炎、猪伪狂犬病、猪布鲁氏杆菌病、衣原体感染、猪繁殖与呼吸综合征和迟发型猪瘟等疾病相区别。患猪繁殖与呼吸综合征妊娠母猪多数在妊娠后期（107~112天）发生流产，分娩出死胎、弱仔、木乃伊胎儿及未成熟胎儿，胎儿大小基本一致。

五、防治措施

目前尚无有效的防治方法。尚未感染的猪场在引进种猪时应进行猪细小病毒的血凝抑制试验。当HI滴度在1:256以下或阴性时，方可引进。

加强种猪群，特别是后备种猪的免疫接种是预防猪细小病毒病的有效措施。目前应用的疫苗有猪细小病毒弱毒苗和油佐剂灭活苗，一般在母猪配种前2个月左右进行接种。此外，基因工程亚单位疫苗、基因工程多价亚单位疫苗转基因植物可饲疫苗的研究正得到越来越广泛的重视。

本病目前尚无有效的治疗方法，主要是实行综合性防治措施。细小病毒对外界抵抗力强，具有高度的感染性，要想控制其感染比较困难。根据本病的特点，总的防制原则：一是防止将带毒猪引入无本病的猪场；二是初产母猪获得主动免疫后再配种。具体可采取的措施如下：

（1）坚持自繁自养的原则，如果必须引进种猪，应从未发生过本病的猪场引进。引进种猪后应隔离饲养半个月，经过两次血清学检查，HI效价在1∶256以下或为阴性时，才合群饲养。

（2）自然感染或人工接种，使初产母猪在配种前获得主动免疫。这种方法只能在本病流行地区进行。方法是将血清学阳性母猪放入后备母猪群中，或将后备母猪赶入血清学阳性的母猪群中，从而使后备母猪受到感染，获得免疫力。

（3）注射疫苗可使母猪怀孕前获得主动免疫，从而保护母猪不感染细小病毒。疫苗接种对象主要是初产母猪。经产母猪和公猪若血清学检查为阴性，也应进行免疫接种。

第三节　猪伪狂犬病

猪伪狂犬病是由伪狂犬病病毒引起的一种急性传染病。临诊以体温升高，新生仔猪主要表现神经症状，还可侵害消化系统为特征。成年猪常为隐性感染，但妊娠母猪感染后可出现流产、产死胎及呼吸系统发病症状，公猪表现不育。

一、流行病学

伪狂犬病病毒可感染猪、牛、羊、犬、猫、家兔、水貂、狐等多种家畜和野生动物。各个年龄段的猪均易感。猪是伪狂犬病病毒的传染源和储存宿主，尤其是耐过的呈隐性感染的成年猪，是该病的主要传染源。伪狂犬病主要通过消化道和呼吸道传播，也可通过交配、精液、胎盘传播。病毒可直接接触传播，更容易间接传播，如带有病毒的空气、飞沫可随风传到9km或更远的地方，使健康猪群受到感染。被污染的饲料，带毒的鼠、羊等动物也可传播。

二、临床症状

临床症状和病程随年龄和毒株毒力不同而有变化。潜伏期一般3～6天，个别可达10

天。哺乳仔猪最为敏感，15日龄以内的仔猪死亡率100%。仔猪常在出生后第2天开始发病，表现高热、腹泻、鸣叫、共济失调、流涎、角弓反张（图5-8）、划水样（图5-9）或转圈运动等神经症状，最后昏迷死亡。断奶仔猪也会死亡，但主要表现为神经症状、发热以及呼吸道症状。育肥猪则大多数伴有高热、厌食和呼吸困难，偶有神经症状，一般不发生死亡。成年猪无明显临床症状或仅表现为轻微体温升高，一般不发生死亡，耐过后呈长期潜伏感染、带毒或排毒。母猪妊娠初期发生流产（图5-10），在妊娠后期产出死胎和木乃伊胎，且以产死胎为主。感染母猪有时还表现不发情、返情率增高、屡配不孕。公猪发生睾丸肿胀、萎缩，失去种用能力。

三、病理变化

仔猪的脾（图5-11）、肝（图5-12）、肾、肺中有渐进性坏死小病灶，肺脏还可见支气管肺炎，心包积液，心内膜偶见斑块状出血。淋巴结肿大（图5-13），少数出血。胃黏膜呈卡他性炎或出血性炎，尤其在胃底部呈大片出血。小肠黏膜充血、水肿，大肠黏膜呈斑块状出血，严重病例在回肠可见成片出血。脑膜充血（图5-14）、水肿，脑脊液增多，脑灰质和白质有小点状出血。子宫内感染后可发展为溶解坏死性胎盘炎，其他无肉眼可见变化。

图5-8 仔猪角弓反张
（引自江斌等）

图5-9 新生仔猪口吐白沫，倒地作划水状
（引自刘富来）

图5-10 母猪流产

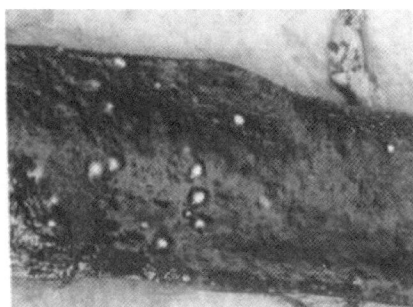

图5-11　病猪脾脏表面有白色坏死结节
（引自刘富来）

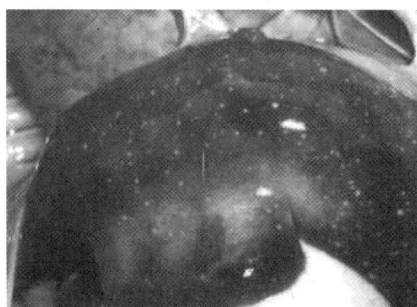

图5-12　肝脏表面有点状坏死灶
（引自江斌等）

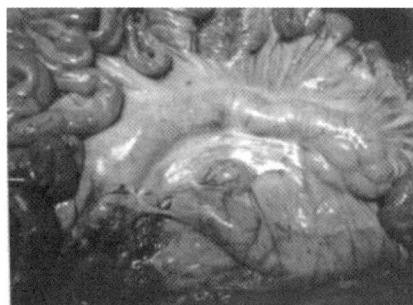

图5-13　肠系膜淋巴结肿大
（引自刘富来）

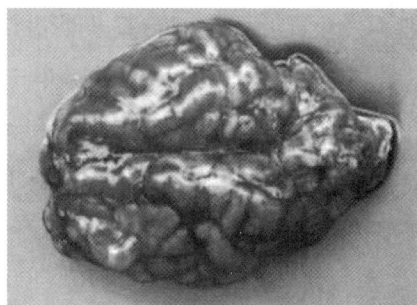

图5-14　脑膜充血、出血
（引自江斌等）

四、鉴别诊断

由于伪狂犬病与其他许多引起猪繁殖与呼吸障碍综合征的疾病存在非常类似的临床症状，因此仅根据临床症状及流行病学特点很难做出诊断。确诊该病需要进行实验室诊断。

伪狂犬病的诊断方法主要有病毒分离、动物接种、血清学检测和分子生物学诊断。病毒分离鉴定和动物接种试验是较早用于伪狂犬病诊断的技术，病料可接种BHK21等细胞进行分离，病料可直接接种家兔、小鼠作诊断。目前诊断伪狂犬病常用的血清学方法有血清中和试验、乳胶凝集试验、酶联免疫吸附试验、琼脂免疫扩散试验等，其中血清中和试验、乳胶凝集试验、酶联免疫吸附试验，这3种方法均被列为国际贸易指定实验技术。当前常用的分子生物学诊断技术有核酸探针技术和聚合酶链式反应（PCR）技术。

猪瘟：便秘和腹泻交替进行。剖检全身淋巴结出血、呈大理石状，脾脏边缘有隆起的梗死灶，大肠有纽扣状溃疡。

猪细小病毒病：初产母猪多发，发病母猪无明显临床症状，流产主要发生在妊娠70天内，70天以后感染多能正常分娩。

猪繁殖与呼吸综合征：感染早期猪群出现流感样症状，仔猪呼吸困难、咳嗽，死亡率在20%左右，妊娠母猪发生流产、产死胎或弱仔。剖检肺呈间质性肺炎病理变化。

猪布氏杆菌病：母猪流产前乳房肿胀，阴户有分泌物，产后流红色黏液，无神经症状与木乃伊胎。公猪睾丸肿胀。剖检子宫黏膜有黄色结节，胎盘有大量出血点。

猪日本乙型脑炎：仅发生于蚊虫活动季节。仔猪体温升高、精神沉郁、四肢轻度麻痹。公猪多发生一侧性睾丸肿胀，妊娠母猪多超出预产期分娩。剖检可见脑室内有黄红色积液，脑回肿胀、出血。

食盐中毒：体温正常，喜欢饮水，病初猪狂躁不安、口吐白沫、四肢痉挛，出现角弓反张、四肢划水样动作。病情加重后精神沉郁、呼吸困难，最后昏迷死亡。

五、防治措施

疫苗接种是防治伪狂犬病的重要手段之一。常用的疫苗有灭活疫苗、自然弱毒活疫苗和基因工程缺失活疫苗。种母猪用灭活疫苗在配种前和产前4~8周各免疫1次，后备母猪在配种前4周进行免疫接种。种公猪用灭活疫苗每年免疫2次。商品猪抗体阴性时，用基因缺失弱毒苗免疫1次（一般50~70日龄时）。有母源抗体时，同上免疫的基础上，4周后再免疫1次。

发病猪群可用高免血清、猪用免疫球蛋白进行治疗，并结合使用抗生素控制继发感染。也可用活疫苗对发病猪群进行紧急接种。

疫苗免疫接种是预防和控制伪狂犬病的根本措施，目前国内外已研制成功伪狂犬病的常规弱毒疫苗、灭活疫苗以及基因缺失疫苗，这些疫苗都能有效地减轻或防止伪狂犬病的临诊症状，从而减少该病造成的经济损失。

发病初期，对幼龄仔猪腹腔注射高免血清可收到一定疗效；发病后，应检出血清阳性猪，隔离阳性病猪。全场彻底消毒，紧急接种，控制疫情，平时应严格执行疫病综合防治措施，定期监测，防止发生疫情。

第四节　猪繁殖与呼吸综合征

猪繁殖与呼吸综合征是由猪繁殖与呼吸综合征病毒所引起的一种接触性传染病。临床上以母猪流产、死产和产弱仔为特征，出生后仔猪的死亡率增加；哺乳仔猪表现高热、呼吸困难等呼吸道症状。

一、流行病学

各种年龄的猪都具有易感性，但孕猪（特别是怀孕90日龄后）和初生仔猪的症状最为明显。野鸭在实验条件下对猪繁殖与呼吸综合征病毒有易感性，但自身不发病，可能是本病的储存宿主。目前尚未发现其他动物对本病有易感性。

病猪和带毒猪是本病的主要传染源。感染母猪可以通过鼻汁、眼分泌物、粪、尿、胎儿、子宫排毒，公猪可通过精液排毒。

本病主要通过呼吸道或生殖道在同猪群间进行水平传播，也可以通过胎盘进行垂直传播。此外，病毒还可通过气源性感染使本病在3km以内的农场中传播。新疫区和老疫区猪群的发病率及疫病的严重程度也有明显的差异，新疫区常呈地方性流行，而老疫区则多为散发性。该病在猪场内的传播非常快，病毒侵入繁殖猪场2~3个月即可使85%~90%的繁殖母猪的抗体变为阳性，并在其体内保持16个月以上。该病毒一旦侵入猪场则可长期持续存在。

二、临床症状

人工感染潜伏期4~7天，自然感染一般为14天。

繁殖母猪发病后主要表现为食欲不振或废绝、精神沉郁、发热。妊娠母猪多数在妊娠后期（107~112天）发生流产，分娩出死胎（图5-15）、弱仔、木乃伊胎儿及未成熟胎儿，胎儿大小基本一致。母猪往往在这种现象持续6周后重新发情，但常造成不育或产奶量下降，有的母猪出现神经症状。

图5-15　母猪产死胎
（引自潘耀谦等）

仔猪以2~28日龄感染后临诊症状明显，早产仔猪在出生后数小时或几天内死亡，临床上表现为呼吸困难、打喷嚏等呼吸道症状，表现为肌肉震颤、后肢麻痹、共济失调等神经症状，有的仔猪耳部发紫和躯体末端皮肤发绀。病程后期常由于多种病原的继发性感染而病情恶化，死亡率高达80%。

公猪感染后表现为咳嗽、打喷嚏、精神沉郁、食欲不振、高热等症状，其精液品质下降。

育肥猪和老龄猪受该病毒感染的影响较小，仅出现短时间食欲不振、轻度呼吸系统症状及耳朵皮肤发绀现象（图5-16），但可因继发感染而加重病情，导致病猪发育迟缓或死亡。

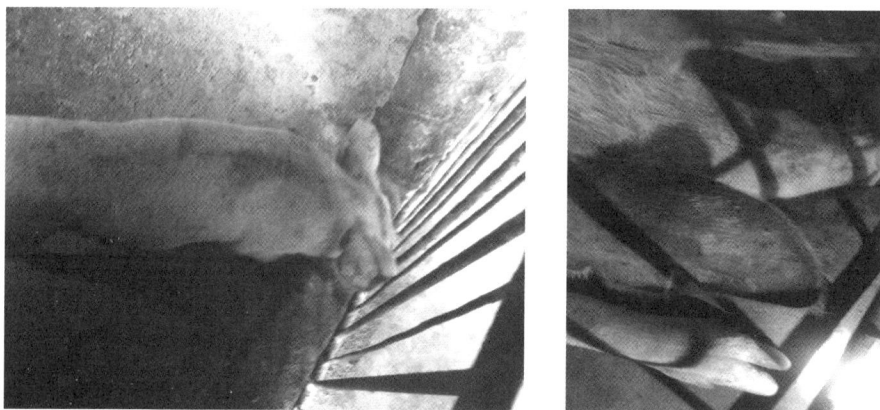

图5-16 中大猪耳朵皮肤发绀

三、病理变化

妊娠母猪的子宫、胎盘、胎儿乃至新生仔猪无肉眼可见的变化。剖检死产胎儿、弱仔和发病仔猪表现间质性肺炎（图5-17），肺呈"胸腺样"或呈褐色或褐色的肝变。此外，还可见淋巴结显著肿大，胸腹腔和心包积液（图5-18），心脏肿大并变圆，眼睑及阴囊水肿。

图5-17 间质性肺炎

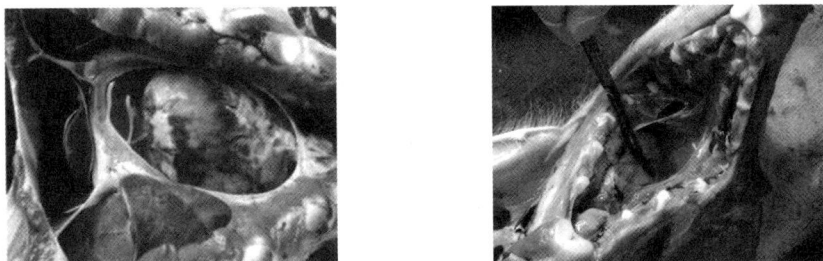

图5-18 心包积液

四、鉴别诊断

猪瘟：皮肤出现红斑，体温升高。剖检可见肠道纽扣状溃疡，脾脏出血性梗死，肾和膀胱有出血点，扁桃体出血和坏死，全身淋巴结呈深红色甚至紫红色。

猪细小病毒病：初产母猪多发，发病猪无明显临床症状，流产主要发生在妊娠70天以内，70天以后能正常分娩。

猪伪狂犬病：仔猪表现为体温升高、呼吸困难、腹泻及特征性神经症状。剖检胎盘和胎儿脏器有凝固性坏死。

猪日本乙型脑炎：仅发生于蚊虫活动季节。仔猪呈体温升高、精神沉郁、四肢轻度麻痹等神经症状。公猪多发生一侧性睾丸肿胀。孕猪多超过预产期才分娩。剖检可见脑室内有黄红色积液，脑回肿胀、出血。

猪布氏杆菌病：母猪流产前乳房肿胀，阴户流有黏液，产后流红色黏液。公猪发生睾丸炎。剖检子宫黏膜有黄色结节，胎盘有大量出血点。

根据各年龄猪均出现不同程度的临床表现，但以怀孕中后期的母猪和哺乳仔猪多发，可做出初步诊断。

当发现猪繁殖与呼吸综合征时，应与猪细小病毒病、猪伪狂犬病、钩端螺旋体病、猪流行性乙型脑炎等病相鉴别。哺乳仔猪出现呼吸道症状则应与猪伪狂犬病、猪呼吸道冠状病毒感染、猪副流感病毒感染、猪流感、猪血凝性脑脊髓炎鉴别诊断。

五、防治措施

由于该病传染性强、传播快，发病后可在猪群中迅速扩散和蔓延，因此应严格执行综合性的防疫措施。

（一）加强检疫措施

引进种猪应至少隔离饲养3周，进行猪繁殖与呼吸综合征血清学检查，阴性者方可混群。平时应做好猪群检疫，发现阳性猪群应做好隔离和消毒工作，污染群中的猪只不得留作种用。有条件的种猪场可通过清群净化该病。

（二）加强饲养管理和环境卫生消毒

降低饲养密度，保持猪舍干燥、通风，减少各种应激因素，并坚持全进全出制饲养。

（三）疫苗免疫接种

常用的疫苗是弱毒苗或灭活苗，一般认为弱毒疫苗的免疫效果优于灭活疫苗，但自家疫苗一般均采用灭活疫苗。初产母猪在产前4周接种一次疫苗；经产母猪可在配种前补免一次；种公猪每年免疫一次，在配种前再免疫一次。仔猪14～18日龄时接种弱毒苗，4～6周龄加强免疫一次。

（四）发病猪群需要控制细菌继发感染

对发生本病的猪场、猪舍要严格消毒，注意保持猪舍通风干燥。猪出售后，圈舍要用甲醛、过氧乙酸等彻底消毒，空圈2周再进猪。对猪只定期注射猪蓝耳病灭活苗或弱毒苗。

目前，对于PRRS尚无特异的治疗方法，只能采取对症疗法、控制继发感染防止病情扩大蔓延。预防可用中药生石膏50g、生地18g、牡丹皮10g、赤芍10g、充参15g、黄芩15g、连翘10g、银花藤20g、板蓝根15g，如有高热加水牛角30g、麦冬15g、丹参10g，加水200mL浸泡10分钟，煎沸30分钟，连煎3次，将3次药液混合，自然放凉。大猪每次200mL、小猪每次50mL，3～4次/日。或用黄芪多糖粉按规定拌料，可降低猪群阳性感染率和发病率。

当疫情大范围流行时，可用黄芪多糖复方针剂或高免血清、特异性免疫球蛋白或病愈猪血清、干扰素。降低体温可用福尼辛葡甲胺、卡巴匹林钙；预防继发感染可用抗生素或喹诺酮类药物；为了降低新生仔猪的死亡率，要加强仔猪的护理，补充电解质、糖、维生素。

第五节 猪布鲁氏菌病

布鲁氏菌病简称布病，是由布鲁氏菌引起动物和人的一种急性或慢性人兽共患传染病。临床表现为生殖器官和胎膜发生化脓性炎，引起流产、不孕、关节炎、睾丸炎等。

一、流行病学

本病的易感动物较多，家畜中以牛、猪、羊的易感性较高，其他动物如牦牛、水牛、羚羊、鹿、骆驼、野猪、马、犬、猫、狐、狼、野兔、猴、鸡、鸭以及一些啮齿动物等都可以自然感染。各种布鲁氏菌对动物的致病性具有选择性，如马耳他布鲁氏菌，主要感染山羊和绵羊，还能感染牛、鹿、马和人等；流产布鲁氏菌主要感染牛，还能感染马、猫、鹿、骆驼及人等；猪布鲁氏菌主要感染猪，也可感染牛、马、鹿、羊等。

传染源是病畜和带菌动物（包括人和野生动物）。受感染的妊娠母畜在流产或分娩时大量布鲁氏菌随着胎儿、羊水和胎衣及阴道分泌物排出。病原菌也可随感染动物的精液、乳汁、脓液等排出体外，污染饮水、饲料、用具和草场，从而造成动物感染。本病主要通过消化道感染，也可通过阴道、结膜、损伤或未损伤的皮肤感染。吸血昆虫也可以传播本病。布鲁氏菌病一般为散发，接近性成熟年龄的动物较易感。母畜感染后一般只发生1次流产，流产2次的比较少见。

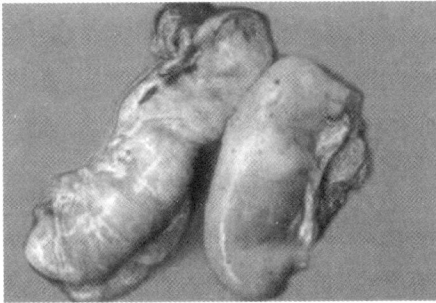

图5-19　母猪流产
（引自江斌等）

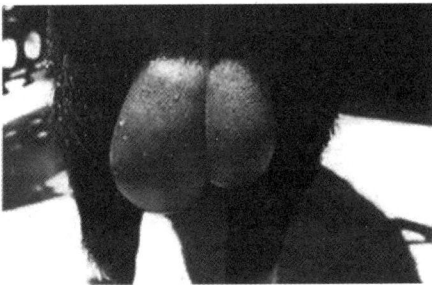

图5-20　公猪两侧睾丸肿大
（引自潘耀谦等）

二、临床症状

猪最明显的症状是流产，多发生在妊娠第4~12周，有的在妊娠后2~3周即流产，也有的在接近妊娠期满时早产（图5-19）。早期流产常不易发现，流产前常表现精神沉郁，阴唇和乳房肿胀，有时阴道流出黏性或脓性分泌物。流产后很少发生胎衣滞留，阴道分泌物一般在产后8~10天内消失。少数情况因胎衣滞留，引起子宫炎和不育。公猪常表现睾丸炎和附睾炎（图5-20）。皮下脓肿、关节炎、腱鞘炎等症状较少见。

三、病理变化

子宫黏膜上散在分布着很多淡黄色的小结节，其直径2~3mm，大的可达5mm。结节质地较硬，切开有少量干酪样物质。小结节可相互融合形成不规则的斑块，从而使子宫壁增厚和内腔变窄，通常称其为粟粒性子宫布鲁氏菌病。妊娠子宫在粟粒性子宫内膜炎的基础上发展为弥漫性卡他性子宫内膜炎，子宫内膜充血、出血和水肿，表面有少量奶油状卡他性渗出物，胎儿胎盘也充血、出血和水肿，表面有一薄层淡黄色或淡褐色黏液脓性渗出物。输卵管也有类似的结节性病变，有的可引起输卵管阻塞。

流产或正产时胎儿的感染情况各不相同，有的已干尸化，有的刚死亡不久，有的是弱仔猪，还有可能是正常的仔猪。因猪的各个胎衣互不相连，胎儿受感染的程度或死亡时间不同所致。胎儿皮下水肿，在脐周围尤其明显。胎儿胃中有黏稠、浑浊、淡黄色黏液，并含有凝乳状的小絮片。公猪表现为化脓性、坏死性睾丸炎和附睾炎，睾丸显著肿大。

由猪布鲁氏菌引起的关节病变较常见，主要侵害四肢大的复合关节。病变开始呈滑膜炎，进而发展为化脓性或纤维素性关节炎。淋巴结、肝、脾、乳腺、肾等也可发生布鲁氏菌性结节性病变。

四、鉴别诊断

根据流行病学、临床症状、病理变化，对本病做出初步诊断，确诊需要进行实验室诊断。

本病应与有流产症状的疫病进行区别，如钩端螺旋体病、流行性乙型脑炎、衣原体病、伪狂犬病、猪繁殖与呼吸综合征以及弓形虫病等，鉴别的关键是病原体的检出及特异抗体的检测。

五、防治措施

本病应该坚持"预防为主"的原则。最好办法是自繁自养，必须引进种时，要严格执行检疫措施。引入的种猪需要隔离饲养2个月，同时进行布鲁氏菌病的检查，全群两次免疫生物学检查阴性者，才可以混群。疫区检疫每年至少进行两次。检出的病猪，应一律无害化处理。猪群中如果发现流产，除隔离流产病畜和消毒环境及流产胎儿、胎衣外，应尽快做出诊断。采取检疫、隔离、控制传染源、切断传播途径及紧急免疫接种等措施。

培育健康猪群可从幼仔猪着手。仔猪在断乳后即隔离饲养，2月龄及4月龄各检验1次，如全为阴性即可视为健康仔猪。

本病尚无特效疗法，一般采用淘汰病猪的方法来防止本病的流行和扩散。病猪、流产的胎儿、胎衣、粪便等应该深埋或生物热发酵处理。污染的场地、畜舍、用具等应彻底消毒。

疫苗接种能有效控制本病。目前国际上多采用活疫苗，我国主要研制并广泛应用的疫苗有猪2号（S2）活疫苗。猪2号活疫苗对猪、山羊、绵羊和牛都有较好的免疫效力，可预防猪、羊、牛的布鲁氏菌病。断乳后任何年龄的动物、妊娠与非妊娠动物均可应用（妊娠动物不能用注射法）。

第六节　李氏杆菌病

李氏杆菌病是由产单核细胞李氏杆菌引起的人畜共患传染病。家畜临床表现为脑膜脑炎、败血症和流产，家禽和啮齿动物表现为坏死性肝炎和心肌炎，有的还出现单核细胞增多。人主要表现为脑膜炎。本病分布于世界各地，我国许多省区也有发生。

一、流行病学

易感动物较多，42种哺乳动物和22种鸟类易感。自然发病的家畜多见于猪、绵羊、家兔，牛、山羊次之，马、犬和猫少见。家禽中，多见于鸡、火鸡、鹅，鸭较少见。许多野兽、野禽、啮齿动物（特别是鼠类）都能自然感染，且常成为本菌的储藏宿主。

患病动物和带菌动物为本病的传染源。患病动物的粪、尿、乳汁、精液以及眼、鼻、生殖道的分泌物都含有李氏杆菌；劣质、腐败饲料，动物粪便，被污染的水和土壤中均带菌。主要通过粪便—口腔途径传播，也可通过消化道、呼吸道、眼结膜及损伤的皮肤感染。污染的饲料和饮水可能是主要的传播媒介。冬季缺乏青饲料，天气骤变，内寄生虫或继发沙门氏菌感染等因素易造成该病的流行。

本病多为散发，发病率低，但病死率很高。各种年龄的动物都可感染发病，以幼龄最易感，发病较急，妊娠母畜也较易感。

二、临床症状

潜伏期2~3周，短的数天，长的可达2月。

病猪初期体温升高，后期体温下降至36℃~36.5℃，表现为意识障碍、共济失调，有的作圆圈运动或无目的行走，有的头颈后仰（图5-21），前肢或后肢张开，呈典型的观星姿势。肌肉震颤、强硬，颈部和颊部尤其明显。有的病猪表现为两前肢或四肢发生麻痹（图5-22），不能起立，病程达一个月以上。仔猪多发生败血症，体温上升至41℃~42℃，精神高度沉郁，有的表现为全身衰弱、咳嗽、腹泻、呼吸困难等症状，病程1~3天，病死率高。妊娠母猪发生流产。成年猪感染后多呈慢性经过。

图5-21　病猪头颈后仰
（引自江斌等）

图5-22　病猪后肢麻痹

三、病理变化

本病剖检缺乏特殊的肉眼变化。流产的母畜剖检可见子宫内膜充血、坏死，胎盘子叶出血、坏死和滞留。有神经症状的病畜，脑膜可见充血、出血；脑组织充血、炎性水肿；脑脊液增多、浑浊含较多细胞；脑干变软，有小化脓灶，血管周围有以单核细胞为主的细胞浸润。

四、鉴别诊断

根据病畜表现的神经症状，孕畜流产和血液中单核细胞增多等症状，结合流行病学资料可怀疑为本病，确诊需要进行实验室诊断。

细菌学诊断采取病猪的血液、脑、脑脊液、肝、脾等涂片，经革兰氏染色后镜检，如发现革兰氏阳性的单个、成对或呈"V"字形排列的两端钝圆的细小杆菌，可做初步诊断。进一步确诊，需进行分离培养和动物试验。将细菌悬液滴入家兔、豚鼠或小鼠的结膜囊内，经24～48小时可发生明显的脓性结膜炎、角膜炎，兔反应明显。几天后分泌物减少，结膜炎症和角膜浑浊仍存在，特别是角膜炎可持续数周至数月。血清学实验可用凝集试验、沉淀试验及补体结合试验，但与金黄色葡萄球菌、肠球菌等有交叉反应，而且许多临诊感染明显的动物无抗体反应，故血清学试验的意义不大。

临床上应注意其他表现神经症状的疾病。伪狂犬病传播较快，大猪发病时病状较轻，不表现神经病状，取脑组织接种兔，表现剧痒病状。猪传染性脑脊髓炎表现特殊的神经过敏，遇到突然刺激时发生肌肉痉挛和角弓反张，以病变脑组织悬液滴鼻或腹腔注射，只能使猪发病。

猪患本病时，应注意与狂犬病、伪狂犬病和猪传染性脑脊髓炎等有神经症状的疾病进行鉴别诊断。

根据发病情况、临床症状，如仔猪败血病脑膜炎症状妊娠母猪流产，以及病理剖检可初步确诊。同时采取病料，对病原体进行检测。

(1)细菌学检查：采取病死猪的血液，肝、脾、肾、脑脊液及脑组织，涂片或触片，可见革兰染色阳性、呈紫色、两端钝圆的细小杆菌。将病料接种于兔血琼脂平板或0.05%亚硒酸盐胰蛋白琼脂平板，在兔血平板上菌落周围量β溶血，亚硒酸盐平板上形成圆形、隆起、湿润、黑色的菌落。

(2)血清学检查：可用凝集试验、补体结合试验，直接用免疫荧光试验及酶联免疫吸附试验检测本病，效果较好。

(3)动物实验采取病料制成悬液，接种家兔、小鼠或幼鸽脑腔、腹腔或静脉，能引起败血症死亡，如用悬液滴入兔、小鼠或鸽的眼内，1天后发生结膜炎，以后出现败血症死亡。

五、防治措施

本病尚无有效的菌苗，预防应搞好环境卫生，消灭老鼠。发病时立即隔离、治疗或淘汰，并对圈舍、用具及场地全面消毒，死亡尸体深埋或烧毁。

抗生素对李氏杆菌病有很好效果，但对出现神经症状病畜疗效不好。可选用的药物有磺胺嘧啶，按0.3g/kg体重，青霉素按20万IU/只，分别肌注，2次/天，连用3～5天。青霉素、链霉素各20万IU肌注，2次/天，连用3～5天。病畜群可用新霉素或青霉素按2万～4万IU/只混饲喂服，每日喂3次，能有效地控制本病在家畜中流行。同时，结合解痉镇痛、强心补液等对症治疗措施，有较好的疗效。

第七节 猪衣原体病

猪衣原体病是由衣原体引起的一种慢性、接触性人畜共患的传染病，以母猪的流产、死产、产弱仔，公猪的睾丸炎、尿道炎、阴茎炎，仔猪的肺炎、肠炎、结膜炎、多关节炎和脑炎为主要特征。本病分布于世界各地，我国也有发生，对养殖业造成严重危害。

一、流行病学

衣原体病是自然疫源性疾病，至少有17种哺乳动物、190余种鸟和家禽易感。家畜中以猪、羊、牛较为易感，禽类中以鹦鹉、鸽子等较为易感。不同品种、年龄结构的猪群都可以感染，但以妊娠母猪及幼龄仔猪最为敏感。

病猪和潜伏感染的带菌猪是主要的传染源，可通过分泌物和排泄物排出病原菌，污染水源和饲料等。本病主要通过消化道、呼吸道或眼结膜感染，交配或用病公畜的精液人工授精也可发生感染，同窝仔猪之间可通过吮吸母乳相互感染，子宫内感染也有可能。

本病的流行形式多样，怀孕猪流产常呈地方性流行，仔猪发生结膜炎或关节炎时多呈流行性。过分密集的饲养、运输途中拥挤、营养扰乱等应激因素可促进本病的发生和发展。

二、临床症状

本病的潜伏期因动物种类和临诊表现而异，短则几天，长则可达数周，甚至数月。母猪流产、早产、死胎及产出无活力的弱仔（图5-23）。早期流产可发生在妊娠的前2个月，这样的病例多不易被察觉。大多数母猪流产发生在正产期前几周，母猪流产前无任何先兆，体温正常，初产母猪的流产率为40%~90%，但二胎以上的经产母猪流产率低。若为正产，则仔猪部分或全部死亡，存活者体质弱，体重轻，吮乳无力。公猪多表现为睾丸炎、附睾炎、尿道炎、阴茎炎，精液品质及精子活力下降，精液长时间带菌并感染受配母猪。

2~4月龄小猪多表现肺炎，体温升高，精神沉郁，干咳、呼吸困难，从鼻腔流出浆液性分泌物，虚弱，生长发育明显落后。有些还并发结膜炎（图5-24），表现为畏光、流泪，结膜高度充血，潮红，角膜混浊。有的病猪还出现神经症状，兴奋、尖叫，突然倒地，四肢做游泳状划动，短时间后恢复如常，病死率为20%~60%。

多数仔猪表现为关节炎、关节肿痛、后肢跛行、不愿走动等，极少死亡。断乳前后的仔猪多并发多浆膜炎（胸膜炎、腹膜炎、心包炎），病情较重，表现为精神委顿、拒食、卧地不起、体温升高，以及体腔的渗出性炎症，病死率较高。

幼龄仔猪患衣原体性胃肠炎时，出现腹泻，机体迅速脱水及全身中毒症，除胃肠道外，其他重要的器官都可能受到侵害，从而使2~3周龄仔猪的病死率达到70%以上。

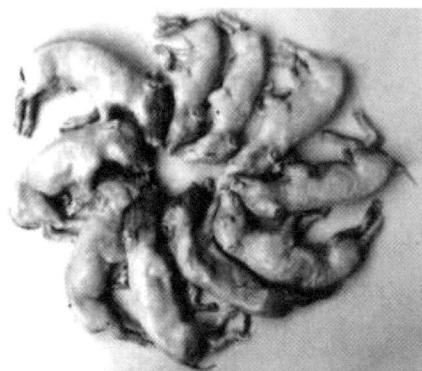

图5-23　母猪流产（引自江斌等）

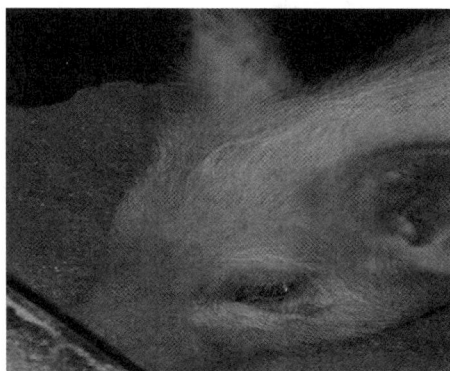

图5-24　结膜炎

三、病理变化

流产母猪的病变局限在子宫。子宫内膜充血、水肿，间或有1～1.5cm的坏死灶。流产胎儿皮肤上有淤血斑，皮下水肿，胸腔、腹腔内积有多量淡红色含纤维蛋白渗出液，肝肿大呈土黄色，心内外膜有出血点，脾肿大。肺呈紫茄色，水肿、间质增宽。肠浆膜变红，膀胱黏膜有卡他性炎症，膀胱壁水肿、增厚。公猪病变多在生殖器官，睾丸色泽及硬度改变，阴茎体坏死，输精管有出血性炎症，腹股沟淋巴结肿大1.5～2倍。

四、鉴别诊断

本病应注意和布鲁氏菌病、猪细小病毒病等相鉴别。

猪繁殖与呼吸综合征：妊娠母猪厌食，体温升高，呼吸困难，耳部发绀。妊娠母猪早产，产出死胎、木乃伊胎。剖检肺呈间质性肺炎，腹腔有淡黄色积液。

猪细小病毒病：感染母猪可能重新发情而不分娩，后躯运动失灵或瘫痪。公猪无睾丸炎、附睾炎、尿道炎等。剖检胎盘部分钙化，胎儿在子宫内有溶解和吸收。

猪流行性乙型脑炎：体温突然升高，嗜睡，视力减弱，乱冲乱撞，最后麻痹而死。剖检可见脑室有大量黄红色积液，脑膜呈树枝状充血，脑回明显肿胀，脑沟变浅、出血。公猪多发生单侧睾丸炎。

猪伪狂犬病：母猪厌食，惊厥，视觉障碍，结膜炎。新生仔猪口吐白沫，出现神经症状。流产胎儿脏器和胎盘凝固性坏死。

猪布氏杆菌病：孕猪流产前乳房肿胀，阴户流黏液，流产后流红色黏液，胎衣不滞留，多在妊娠后第4~12周后发生流产。

五、防治措施

为防止本病传入，引种应慎重，并按规定严格检疫。不能用未加工和未经无害处理的畜产品及副料喂猪。平时应驱除和消灭猪场中的啮齿动物及鸟类。加强饲养，提高机体抗病力，加强环境卫生管理，定期消毒并处理好动物的排泄物。

发生本病时，应严格隔离发病动物。对污染的用具、圈舍及环境进行严格消毒。流产的胎儿、胎衣及死亡畜禽尸体应该深埋或无害化处理。可用四环素、金霉素、氯霉素等抗生素进行治疗，连用1~2周。

预防可用衣原体灭活疫苗。母猪在配种后1~2个月免疫，间隔10~20天二免。公猪每年注射疫苗2次，仔猪30日龄注射疫苗。

本病一旦发生很难根除，因此在引进猪时要严格检疫。发现病猪及时治疗和淘汰。预防本病可接种猪流产衣原体灭活疫苗。

治疗本病，四环素为首选药物。对病猪日用量为10~20mg/kg，用5%葡萄糖溶液或生理盐水稀释，分2次静脉注射；肌内注射时，配成2.5%的浓度，连续治疗3~5天。也可用多西素进行肌内注射，用量为1~3mg/kg体重，每天1次，连用7天。也可使用竹桃霉素、长效土霉素等。但对怀孕母猪，须在胎盘感染前治疗才有效。

第八节　钩端螺旋体病

钩端螺旋体病是由致病性钩端螺旋体引起的一种人畜共患的自然疫源性传染病。家畜中除猪易感染之外，牛、犬、马和羊的带菌率也很高。临床表现主要为发热、黄疸、血红蛋白尿、出血性素质、流产、皮肤及黏膜水肿、坏死等。世界动物卫生组织（OIE）将本病列为B类动物疫病，我国把其列为二类动物疫病。

一、流行病学

钩端螺旋体的宿主非常广泛，易感动物近百种，包括几乎所有的温血动物以及爬行类、两栖类和节肢动物。家畜禽中以猪、水牛、犬和鸭较易感。各种年龄动物均可感染，但以幼龄动物发病较多。

患病动物及带菌动物是本病的主要传染源，而鼠类是本病重要的储藏宿主和传染源。本病主要通过损伤的皮肤、黏膜、消化道、生殖道感染。在菌血症期间吸血昆虫叮咬也可引起感染。

本病有明显的季节性，多发生于夏秋季节，以气候温暖、潮湿多雨、鼠类活动猖獗的地区发病较多，一般7～10月份为流行高峰期。感染率高，发病率低。

二、临床症状

主要症状是流产（图5-25）和新生仔猪大量死亡。妊娠母猪感染后14～30天出现流产，一般流产率为20%～70%。母猪于流产前后出现水肿、黄疸等症状，甚至常常产出死胎、弱胎或产出的仔猪不久即死亡。流产胎儿体表可见数量不等的出血点，有的皮肤及内脏器官均有明显黄染，有的呈木乃伊状。

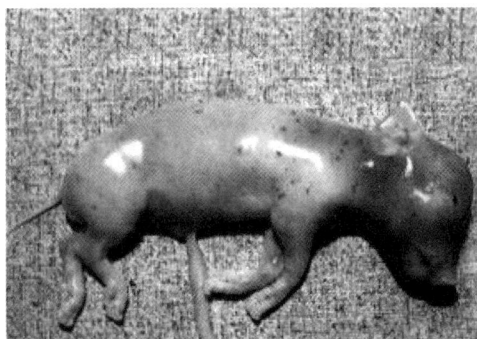

图5-25　流产的死胎，
皮肤上出现出血点
（引自潘耀谦等）

哺乳、断奶前后的小猪多表现为水肿，病程10～30天，死亡率为50%～90%。病初似感冒，体温升高，眼结膜潮红，精神不振，食欲减退，几天后出现贫血、结膜皮肤黄染，头颈或全身水肿，常发生抽搐、摇头等神经症状。病猪尿液变黄，如浓茶色，甚至血尿。大猪和中猪多表现为急性黄疸的症状，眼结膜黄染，尿呈茶褐色或血尿。

三、病理变化

急性型以全身性黄疸和各器官、组织广泛性出血以及坏死为主要特征。皮肤、皮下组织、浆膜和可视黏膜、肝脏、肾脏以及膀胱等组织出现黄染（图5-26）和不同程度的出血。皮肤干燥和坏死。胸腔、心包内有浑浊的黄色积液。脾脏肿大、淤血，有时可见出血性梗死。肝脏肿大，呈土黄色，质脆（图5-27）。肾脏肿大、淤血、出血（图5-28）。肺淤血、水肿，表面有出血点。膀胱积有红色或深黄色尿液。肠及肠系膜充血，肠系膜淋巴结、腹股沟淋巴结、颌下淋巴结肿大，呈灰白色。

慢性型肾体积不变或缩小，表面或切面有大小不一的灰白色病灶，被膜不易剥离。病畜皮肤、皮下黏浆膜和脏器表面等部位有出血、黄疸，胸腔有黄色积液，膀胱积有血红蛋白尿或浓茶样尿。

四、鉴别诊断

猪钩端螺旋体病应注意与黄脂猪、阻塞性黄疸及黄曲霉毒素中毒等相区别。黄脂猪又称黄膘猪，其特点是只有脂肪组织黄染。钩端螺旋体的肝脏和胆道常有病变，而黄脂猪的肝脏和胆道一般无异常变化。猪蛔虫病导致胆道被蛔虫阻塞，使胆汁排出受阻，出现全身性黄疸变化，但在剖检时可在胆道检出大量虫体。黄曲霉毒素中毒而发生的黄疸，首先要有中毒史，另外，镜检中毒的肝细胞，细胞有变性和坏死。猪钩端螺旋体病还应该与猪附红细胞体病、新生仔猪溶血性贫血症相鉴别。

五、防治措施

预防猪钩端螺旋体病应做好防鼠、灭鼠和家畜管理工作，消除带菌、排菌的各种动物。污染的水源、场地等要及时消毒。在本病常发地区，应实行免疫接种并加强饲养管理，以提高动物机体的抵抗力。一般选用与当地流行菌型一致的菌苗预防接种，或使用多价苗预防，接种应在本病流行前一个月完成。

发病时应及时采取相应措施控制和扑灭疫情，防止疫病蔓延。对受威胁动物可应用钩端螺旋体多价苗进行紧急预防接

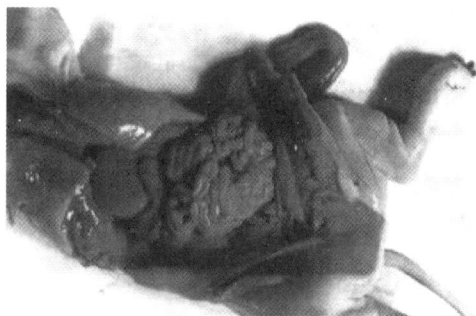

图5-26　病猪全身黄染，腹水增多
（引自潘耀谦等）

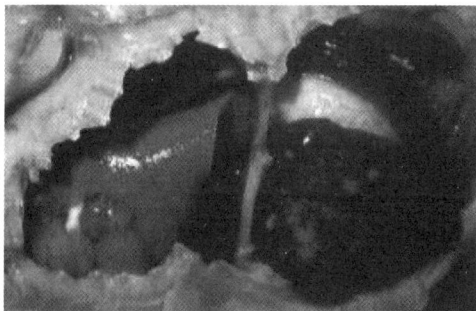

图5-27　病猪肝脏淤血，
表面散布大小不等的黄白色坏死灶
（引自潘耀谦等）

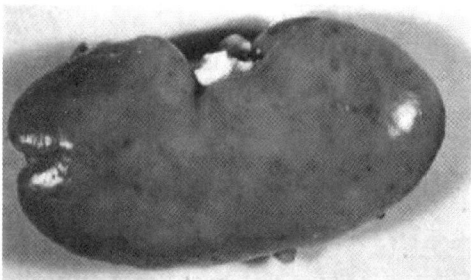

图5-28　病猪肾脏肿大、出血
（引自潘耀谦等）

种。同时做好消毒工作，病尸应进行无害化处理。发病动物可采取抗生素治疗。常用的抗生素有土霉素、四环素、青霉素和链霉素等。另外还应该结合强心、利尿、补充葡萄糖和维生素C等对症疗法。

第九节 猪弓形虫病

弓形虫病是由刚地弓形虫引起的一种人畜共患原虫病。临床表现主要为高热、呼吸困难、妊娠母猪流产、产死胎、胎儿畸形等。该病传染性强，发病率和病死率较高，对人畜危害严重，我国将其列为二类动物疫病。

一、流行病学

弓形虫是一种多宿主原虫，可感染200多种哺乳动物（包括人类）和70多种鸟类，5种冷血动物及爬虫类。猫及猫科动物是唯一的终末宿主。

病畜和带虫动物是传染源。猫粪排出的大量卵囊污染的饲料、饮水和土壤，是重要的传染源。病畜和带虫动物的内脏、肉、血液、乳汁、流产胎儿体内和胎盘都含有大量的滋养体、速殖子、缓殖子。弓形虫病主要经消化道传染，也可经损伤的皮肤、胎盘、吸血昆虫，或采血、输血等途径感染。

弓形虫病的发生和流行无严格的季节性，但在5～10月的温暖季节发病较多。各品种、年龄和性别的动物均可感染和发病，猪以3～5月龄发病最严重。猪的流行形式有暴发型、急性型，零星散发、隐性感染。

二、临床症状

临床症状根据感染猪的年龄、弓形虫毒力、感染数量及感染途径等不同而异。

一般猪急性感染后，与猪瘟症状相似，体温升高达40℃～42℃，呈稽留热型。气喘，呼吸加快，肺部听诊有湿性啰音，肺泡呼吸音减弱，呼吸困难（图5-29）。有浆液性鼻液流出。部分猪卧地不起，后腿麻痹，股内侧、腹下皮肤发红或是发绀（图5-30），腹股沟浅淋巴结肿大，大便干硬或拉稀，少数猪有呕吐现象。

怀孕母猪急性感染后，虫体经胎盘侵害胎儿，表现为高热、废食、精神委顿和昏睡。此种症状持续数天后，引起母猪流产、死胎、胎儿畸形，即使产出活仔也会发生急性死亡或发育不全。

亚急性病例潜伏期为10~14天或更长，症状较轻，病程缓慢。

慢性病例、隐性感染及愈后的带虫猪，一般无可见临床症状，此类情况尤其在老疫区较多。

图5-29 病猪呼吸困难
（引自江斌等）

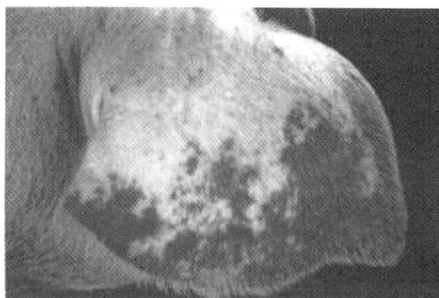

图5-30 病猪皮肤发绀
（引自江斌等）

三、病理变化

病猪体表尤其是在耳、鼻端、下肢、股内侧、下腹部等处出现紫斑或密布出血点。肠系膜淋巴结呈绳索状肿大、充血（图5-31），切面呈髓样变。肝脏有点状出血和灰白色坏死灶。脾脏肿大，有少量出血点及灰白色小坏死灶。肾脏表面和切面有针尖大出血点和坏死灶。肺水肿，呈暗红色，小叶间质增宽，其内充满半透明胶胨样渗出物，气管和支气管内有大量黏液性泡沫，有的并发肺炎。全身淋巴结肿大，有大小不等的出血点和灰白色坏死灶，特别是肺门淋巴结、腹股沟淋巴结和肠系膜淋巴结最为昂著。

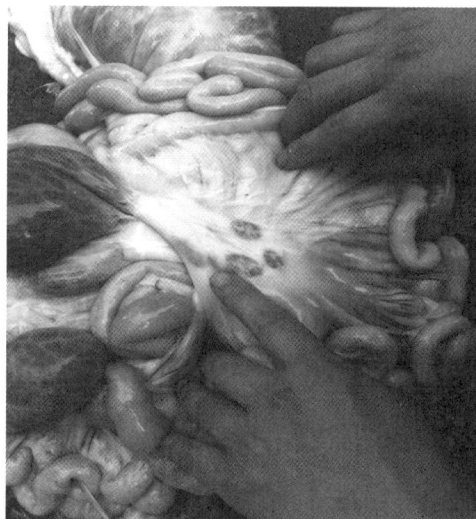

图5-31 病猪肠系膜淋巴结
呈绳索状肿大、充血

四、鉴别诊断

根据流行特点、临床症状和病理变化及磺胺类药治疗有良好疗效而其他抗生素无效等可作出初步诊断，确诊需检查病原。取病畜或病尸的肺、肝、脾、淋巴结或腹腔液做成涂片或压片，用姬姆萨氏或瑞特氏染色法染色后置显微镜油镜下检查虫体。

五、防治措施

猪场、猪舍应保持清洁，定期消毒。猪场内禁止养猫，防止猫粪污染猪舍、饲料和饮水，避免饲养人员与猫接触。尽一切可能灭鼠，不用未煮熟的碎肉或洗肉水喂猪。流产的胎儿、胎衣、排出物以及病尸应进行无害化处理。本病易发季节或发生过该病的猪场，可在饲料中添加磺胺嘧啶、磺胺-6-甲氧嘧啶或乙胺嘧啶进行预防，连喂7天。

磺胺类药物和甲氧苄啶联合使用对弓形虫有效果，单独使用磺胺类药物也有很好的效果，但所有药物均不能杀死包囊内的缓殖子、速殖子。使用磺胺类药物时，首次剂量必须加倍。一般应连续用药3～4天。

第六章 神经系统疾病类症鉴别与防治

神经系统疾病类症一般在猪上的临床表现为共济失调、肢体麻痹、呕吐、肌肉痉挛、震颤、角弓反张等，主要的疾病有猪瘟、猪伪狂犬病、传染性脑脊髓炎、仔猪先天性肌痉挛、链球菌病、仔猪水肿病、李氏杆菌病、传染性胸膜肺炎、狂犬病、破伤风、仔猪蛔虫病、弓形虫病、巴贝丝虫病、霉烂甘薯中毒、T-2毒素中毒、仔猪低血糖、仔猪中毒性肝营养不良、维生素A缺乏、烟酸缺乏、硒缺乏、食盐中毒、黄曲霉毒素中毒、有机磷农药中毒、有机氟中毒、五氯酚钠中毒、维生素B$_6$中毒、佝偻病、猪生产瘫痪症、脑膜脑炎、脑软化、中暑等。

第一节 猪日本乙型脑炎

猪日本乙型脑炎是由日本乙型脑炎病毒引起的一种人畜共患的蚊媒传染病，被世界卫生组织认为是需要重点控制的传染病，主要特征为高热、流产、死胎和公猪睾丸炎。

一、流行病学

猪日本乙型脑炎主要通过蚊的叮咬进行传播，病毒能在蚊体内繁殖，并可越冬，经卵传递，成为次年感染动物的来源。由于经蚊虫传播，因而该病流行与蚊虫的滋生及活动有密切关系，有明显的季节性，80%的病例发生在7~9月，发病年龄与猪只性成熟有关，其感染率高，发病率低，死亡率低。

二、临床症状

该病常突然发生，体温升至40℃~41℃，稽留热，病猪精神委顿，食欲减少或废绝，

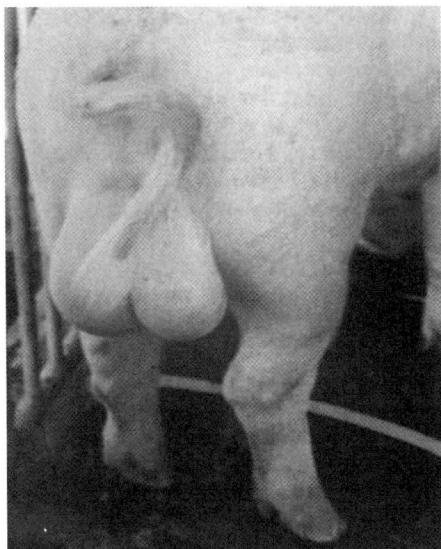

图6-1 公猪睾丸肿大

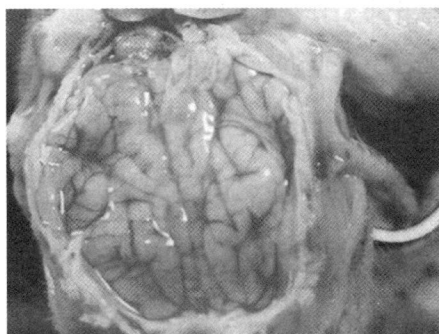

图6-2 胎儿脑内水肿、出血

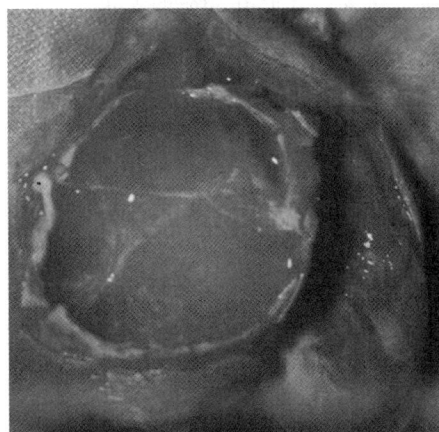

图6-3 死产胎儿脑液化

粪干呈球状，表面附着灰白色黏液；有的病猪后肢呈轻度麻痹，步态不稳，关节肿大，跛行。妊娠母猪突然发生流产，产出死胎、木乃伊胎和弱胎，母猪无明显异常表现。公猪除有一般症状外，常发生一侧性睾丸肿大（图6-1），也有两侧性的，患病睾丸阴囊皱襞消失、发亮，有热痛感，经3～5天后肿胀消退，有的睾丸变小变硬，失去配种繁殖能力。

人工感染猪日本乙型脑炎潜伏期一般为3～4天。常突然发病，病猪体温升高到41℃左右，呈稽留热，短的持续几天，长者可达十多天。病猪精神沉郁，食欲减退，口渴，眼结膜潮红，喜卧地，强行赶起，则猪摇头甩尾，不久又卧下。心跳增加，每分钟达110～120次。有时可见猪流鼻涕，能听到鼻塞音，尿色深黄，粪便干结附有黏膜。有些病猪后肢轻度麻痹，步态不稳；有的后肢关节肿胀疼痛而表现为跛行。最后身躯麻痹而死。

妊娠母猪的主要症状是发生流产或早产，初产母猪多发，第二胎后较少发生。胎儿多是死胎或木乃伊胎，或仔猪生后几天内发生痉挛而死亡。母猪流产后，其临床症状很快减轻，体温恢复正常，食欲也渐趋正常。母猪流产后不影响下一次配种。

公猪除上述一般症状外，常出现单侧或两侧睾丸发炎肿大，局部发热，有痛感，数天后睾丸肿胀消退，逐渐萎缩变硬，丧失配种能力。

三、病理变化

流产胎儿脑水肿，死产胎儿脑液化（图6-2、图6-3），皮下血样浸润，肌肉似水煮样，腹水增多；木乃伊胎儿从拇指大小到正常大小；肝、脾、肾有坏死灶；全身淋巴结出血；肺淤血、水肿。子宫黏膜充血、出血和有黏液。胎盘水肿或见出血。公猪睾丸实质充血、出血和出现小坏死灶；睾丸硬化者，体积缩小，与阴囊粘连，实质结缔组织化。

四、鉴别诊断

猪繁殖与呼吸综合征：母猪提前2～8天早产，在2周内流产。剖检全身淋巴结肿大、呈灰白色，肺轻度水肿、暗红色，有局灶性间质性肺炎灶（图6-4）。公猪无睾丸炎，仔猪无神经症状。

猪细小病毒病：流产、死胎、木乃伊胎多发于初产母猪。剖检肝、脾、肾等脏器肿大脆弱或萎缩、发暗，不见公猪睾丸炎和仔猪神经症状。

猪伪狂犬病：口流白沫，两耳后竖。剖检胎盘凝固性坏死，胎儿实质脏器凝固性坏死，肝脏表面可见散在的坏死点（图6-5），肾上腺于皮质及髓质部可见散发性的坏死点（图6-6）。

猪传染性脑脊髓炎：3周龄以上的猪很少发生。母猪不见流产，公猪无睾丸炎。

猪布鲁氏菌病：母猪流产多发生在2～12周。阴户流黏性或脓性分泌物。剖检子宫黏膜有黄色小结节，胎膜变厚、呈胶陈样，胎盘有大量出血点。仔猪无神经症状，公猪两侧睾丸肿大。

猪链球菌病：出现败血症和多发性关节炎、脓肿等症状。用青霉素等抗生素治疗有效。

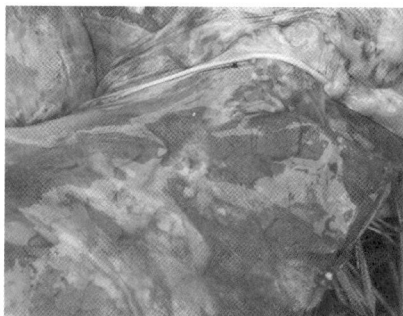

图6-4　间质性肺炎

图6-5　肝脏白色坏死灶

图6-6　肾上腺皮质及髓质部散发坏死点

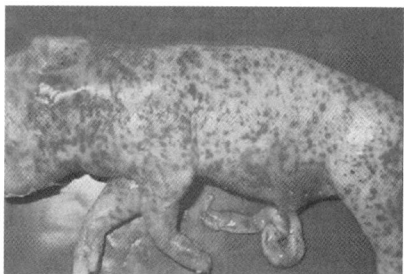

图6-7　流产胎儿全身皮肤出血

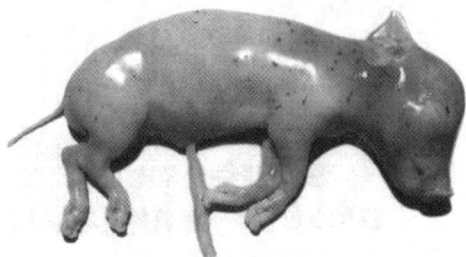

图6-8　流产胎儿皮肤出血斑点

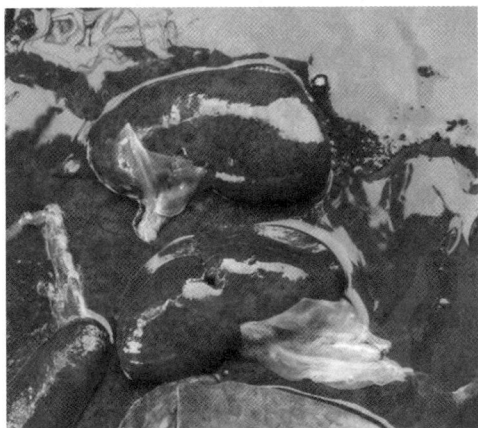

图6-9　肾脏充血、出血

猪李氏杆菌病：多发生于仔猪。剖检可见脑干特别是脑桥、延髓和脊髓变软，有小的化脓灶。

猪衣原体病：呼吸急促，流黏性鼻液，排含有血液的稀便。剖检可见肠、肺脏、肾、关节出现炎性水肿，脑无变化，胎儿出现全身出血点（图6-7、图6-8）。

猪钩端螺旋体病：皮肤发红，尿黄、茶色或血尿。剖检胸腔、心包有黄色积液，心内膜、肠系膜、膀胱出血。

猪弓形虫病：病猪高热，耳翼、鼻端出现淤血斑、结痂和坏死。剖检淋巴结肿大、出血，肺膈叶和心叶间质性水肿，内有半透明胶胨样物质，实质有白色坏死灶或出血点。

猪瘟：急性猪瘟以出血变化为特征，全身皮肤、黏膜、浆膜和实质器官充血和有大小不一的出血点（图6-9）。

五、防治措施

根据该病流行病学的特点，消灭蚊虫是消灭该病的根本办法，要控制猪日本乙型脑炎，应加强饲养管理，对疫情进行监测，对圈舍定期驱虫、灭鼠、消毒。采用免疫接种法来控制该病的发生。

第二节　猪李氏杆菌病

猪李氏杆菌病是由产单核细胞李氏杆菌引起的人畜和禽类共患的传染病。在猪身上，表现为以脑膜炎、败血症和单核细胞增多症、妊娠母猪发生流产为特征的传染病。

一、流行病学

李氏杆菌在自然界分布很广，可从50多种动物体内得到，包括反刍动物、猪、马、犬等，且多种野生动物特别是鼠类易感。患病和带菌动物是该病的传染源，其粪、尿、乳汁、精液以及眼、鼻孔和生殖道的分泌液都可分离到李氏杆菌。该病主要通过粪口途径发生。自然感染的传播途径包括消化道、呼吸道、眼结膜和损伤的皮肤。污染的土壤、饲料、水和垫料都可成为本菌的传播媒介。该病一般为散发，但发病后的致死率很高。幼龄和妊娠猪较易感，发生无季节性。

二、临床症状

该病主要表现为败血和脑膜脑炎症状。败血型和脑膜炎型混合型多发生于哺乳仔猪，突然发病，体温升高至41℃~41.5℃，不吮乳，呼吸困难，粪便干燥或腹泻，排尿少，皮肤发紫，后期体温下降，病程为1~3天。多数病猪表现为脑炎症状，病初意识障碍、兴奋、共济失调、肌肉震颤、无目的地走动或转圈，或不由自主地后退，或以头抵地呆立；有的头颈后仰，呈观星姿势；严重的倒卧、抽搐、口吐白沫、四肢乱划动（图6-10），遇刺激时则出现惊叫，病程为3~7天。大猪呈现共济失调，步态强拘，有的后肢麻痹，不能起立，或拖地行走，病程可达半个月以上。

母猪感染一般无明显的临床症状，但妊娠母猪感染常发生流产，一般引起妊娠后期母猪的流产。

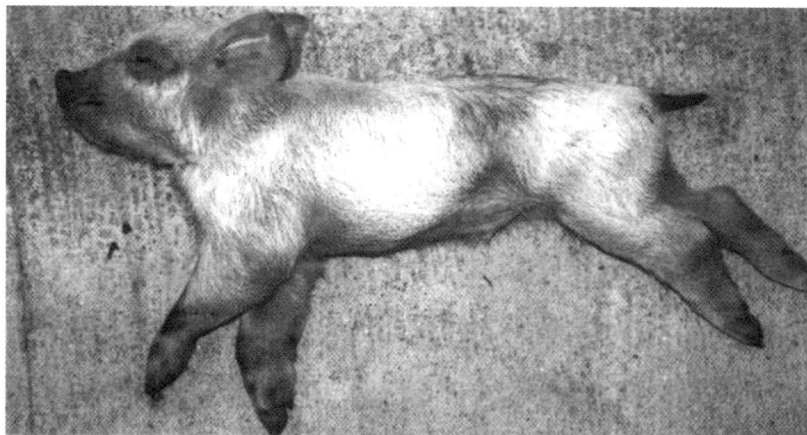

图6-10　病猪倒地抽搐、四肢划动

三、病理变化

(一) 败血症型

主要的特征性病变是局灶性肝坏死。其次，脾脏、淋巴结、肺脏、心肌、胃肠道中也可发现较小的坏死灶。发生流产的母猪可见子宫内膜充血并发生广泛坏死，胎盘子叶常出血和坏死。流产胎儿肝脏有大量小的坏死灶，胎儿可发生自体溶解。

(二) 脑膜脑炎型

可见脑膜和脑实质充血、发炎和水肿，脑脊液增多，浑浊。

四、鉴别诊断

猪伪狂犬病：呼吸困难，呕吐，腹泻。剖检鼻腔、咽喉、扁桃体炎性肿胀浸润，并常有坏死性假膜，肝、肾周围出现红色晕圈，中央出现黄白色或灰白色坏死灶。

猪传染性脑脊髓炎：四肢僵硬，肌肉、眼球震颤，呕吐。剖检脑膜水肿、血管充血。

猪血凝性脑脊髓炎：多见于2周龄以下的哺乳仔猪。呕吐、便秘。剖检仅见脑脊髓发炎、水肿。

猪水肿病：主要发生于断奶前后的仔猪。眼睑、头部皮下水肿（图6-11）。剖检胃壁水肿、增厚，肠黏膜水肿。

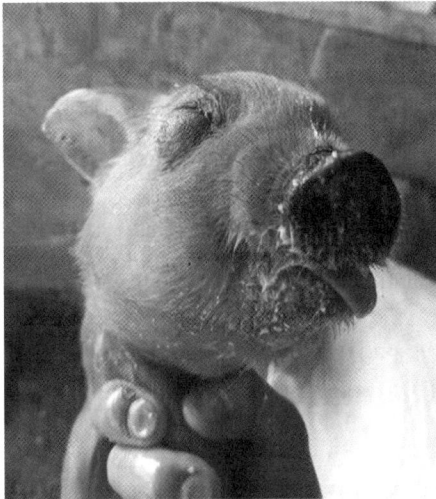

图6-11 仔猪眼睑、面部肿胀

五、防治措施

目前尚无有效的疫苗用于该病的预防。预防该病应做好平时的饲养管理，处理好粪尿。减少饲料和环境中的细菌污染。不要从有病的猪场引种，做好猪场的灭鼠工作。定期驱除猪体内外寄生虫。

猪群发病，应及时隔离治疗，严格消毒；发病初期，可用链霉素、青霉素、庆大霉素及磺胺类药物注射，且加大剂量，可取得较好的治疗效果。但对于有神经症状的猪，治疗往往难以奏效。

第三节　破伤风

破伤风是由破伤风梭菌引起的一种经创伤感染的急性、中毒性传染病，又名强直症、锁口风。特征是病猪全身骨骼肌或某些肌群呈现持续的强直性痉挛和对外界刺激的兴奋性增高。猪只发病主要是由于阉割时消毒不严或不消毒。

一、流行病学

破伤风梭菌广泛存在于自然界，各种家养动物和人均有易感性。在自然情况下，感染途径主要是各种创伤，如猪的去势、手术、断尾、脐带、口腔伤口、分娩创伤等。但并非一切创伤都可引起发病，而是必须具备一定条件。由于破伤风梭菌是一种严格的厌氧菌，所以，伤口狭小而深、伤口内发生坏死，或伤口被泥土、粪污、痂皮封盖，或创伤内组织损伤严重、出血、有异物，或与需氧菌混合感染等情况时，才是该菌最合适的生长繁殖场所。该病无季节性，通常是零星发生。一般来说，幼龄猪比成年猪发病多，仔猪常因阉割引起。

二、临床症状

病猪头部肌肉痉挛，牙关紧闭，口流液体，常有"吱吱"的尖细叫声，眼神发直，瞬膜外露，两耳直立，腹部向上蜷缩，尾不摇动，僵直，腰背弓起，触摸时坚实如木板，四肢僵硬，行走僵直，难于行走和站立（图6-12）。轻微刺激（光、声响、触摸）可使病猪兴奋，痉挛加重。重者发生全身肌肉痉挛和角弓反张，死亡率高。

三、病理变化

解剖无可见的病理变化。

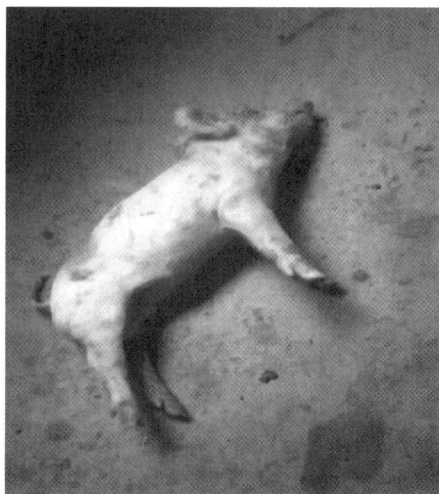

图6-12　病猪四肢强直

四、鉴别诊断

根据该病的特征性临床症状，如体温正常，神志清楚，反射兴奋性增高，骨骼肌强直性痉挛，并有创伤史（如猪的去势等）等即可确诊。没有特异的剖检变化可供诊断。

五、防治措施

在猪只饲养过程中，要注意管理，消除可能引起创伤的因素；在去势、断脐带、断尾、接产及外科手术时，工作人员应遵守各项操作规程，注意术部和器械的消毒。此外，对猪进行外科手术、接产或阉割时，可同时注射破伤风抗血清预防，会收到好的预防效果。

清理伤口。彻底清除伤口处的痂盖、脓汁、异物和坏死组织，然后用3%过氧化氢或1%高锰酸钾或5%～10%碘酊冲洗、消毒，必要时可进行扩创。全身治疗用青霉素、链霉素肌肉注射，早晚各1次，连用3天，以消除破伤风梭菌继续繁殖和产生毒素。

中和毒素。根据猪只体重大小，用10万～20万单位，分2～3次，静脉、皮下或肌肉注射，每天1次。

对症疗法。病猪强烈兴奋和痉挛时，可用有镇静解痉作用的氯丙嗪肌肉注射，用量100～150mg；或用25%硫酸镁溶液50～100mL进行肌肉或静脉注射；用1%普鲁卡因溶液或加0.1%肾上腺素注射于咬肌或腰背部肌肉，以缓解肌肉僵硬和痉挛。为维持病猪体况，可根据病猪具体病情采取注射葡萄糖盐水、维生素制剂、强心剂和防止酸中毒的5%碳酸氢钠溶液等多种综合对症疗法。

第四节 仔猪低血糖

仔猪低血糖是仔猪在出生后最初几天内饥饿致体内贮备的糖源耗竭而引起的一种营养代谢病，又称乳猪病或憔悴猪病。该病的特征是血糖显著降低，血液非蛋白氮含量明显增多，临诊上呈现迟钝、虚弱、惊厥、昏迷等症状，最后死亡。

一、病因

仔猪出生后吮乳不足是发生该病的主要原因。母猪妊娠期营养不良，产后少乳或无乳，或发生子宫炎、乳腺炎等引起少乳或无乳的疾病，仔猪患大肠杆菌病、先天性震颤等病而无力吮乳，都会造成仔猪吮乳不足而发病。此外，低温、寒冷、空气温度过高也是引发该病的诱因。

二、临床症状

病初精神沉郁，吮乳停止，四肢无力或卧地不起，肌肉震颤，步态不稳，体躯摇摆，运动失调，颈下、胸腹下及后肢等处浮肿。病猪尖叫，痉挛抽搐，头向后仰或扭向一侧，四肢僵直，或做游泳状运动，磨牙空嚼，口吐白沫，瞳孔散大，对光反应消失，感觉机能减退，皮肤苍白，被毛蓬乱，皮温降低，后期昏迷不醒，意识丧失，很快死亡（图6-13）。

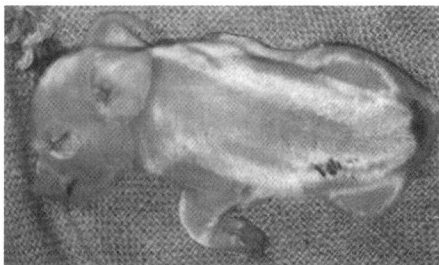

图6-13　仔猪四肢无力，昏迷不醒

三、病理变化

病猪消化道空虚，机体脱水。肝呈橘黄色、边缘锐利、质地易脆、稍碰即破。胆囊肿大、充满半透明淡黄色胆汁。肾呈土黄色，散在针尖状出血点，肾盂和输尿管有白色沉淀物。

四、鉴别诊断

仔猪溶血病：吃奶后24小时发病，血红蛋白尿。剖检皮下脂肪黄染。

仔猪缺铁性贫血：心跳加快，心悸亢进，不出现神经症状。剖检可见肝肿大、脂肪变性，呈淡灰色，肌肉色淡。

五、防治措施

加强怀孕母猪后期的饲养管理，提高分娩母猪在哺乳期的泌乳量。加强对初生仔猪人工固定乳头的管理，在初生仔猪吃初乳之前，先将刚分娩母猪的乳头逐个挤出几滴乳之后，再让初生仔猪吃初乳。

通常采用病因疗法，10%葡萄糖20mL，腹腔注射，每隔4小时注射1次，连用两天，或口服20%葡萄糖10mL，1天3次，连用3天。胃肠道弛缓、排空障碍时，可肌肉注射复合维生素B注射液，1次量，每千克体重0.2mL，1天2次，连用2天。

第五节　钙磷缺乏症

钙磷缺乏症由饲料中钙和磷缺乏或二者比例失调引起，幼龄猪表现为佝偻病，成年猪则形成骨软病。

一、病因

日粮钙磷缺乏或比例失调是该病的重要特征之一。单一饲喂缺乏钙磷的饲料及长期饲喂高磷低钙饲料或高钙低磷饲料都可引起发病。饲料或动物体内维生素D缺乏也可能导致该病发生。胃肠道疾病、寄生虫病、先天性发育不良等因素及肝肾疾病也可影响钙、磷及维生素D的吸收利用。

二、临床症状

(一) 仔猪佝偻病

该病表现为食欲减退、消化不良、不愿站立或运动，出现异嗜癖，关节肿胀肥厚、跛行，神经肌肉兴奋性增强，抽搐。疾病后期，骨骼变形加重（图6-14），出现凹背、"X"形腿、颜面骨膨隆，采食咀嚼困难，肋骨与肋软骨结合处肿大，压之有痛感。

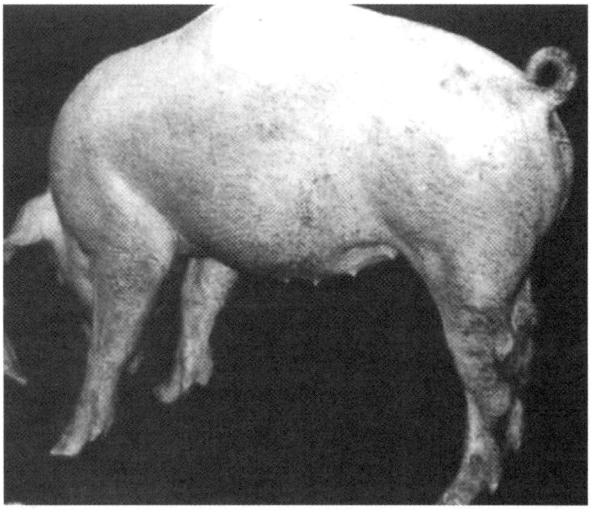

图6-14　钙磷缺乏引起的驼背

（二）成年猪的骨软症

该病多见于母猪，病初表现为以异嗜为主的消化机能紊乱，随后出现运动障碍、腰腿僵硬、拱背站立、运步强拘、跛行，经常卧地不动或匍匐姿势。后期则出现膝关节、腕关节、跗关节肿大变粗，尾椎骨移位变软，肋骨与肋软骨结合部呈串珠状；头部肿大，骨端变粗，易发生骨折和肌腱撕裂。

三、防治措施

经常检查饲料，保证日粮中钙、磷和维生素D的含量，合理调配日粮中钙、磷比例。平时多喂豆科青绿饲料，对于妊娠后期的母猪更应注意钙、磷和维生素D的补给，特别是长期舍饲的猪，不易受到阳光照射，维生素D来源缺乏，及时采取预防措施更具有重要意义。

对于发病猪，可用维丁胶性钙注射液，维生素A、维生素D注射液肌肉注射。成年猪可用10%葡萄糖酸钙50~100mL静脉注射，每日1次，连用3日。也可用磷酸钙2~5g，每日2次拌料喂给。

第六节　食盐中毒

猪食盐中毒是由于采食含过量食盐的饲料，尤其是在饮水不足的情况下而发生的中毒性疾病。本病主要的临床特征是突出的神经症状和一定的消化机能紊乱。食盐对猪的致死量为100~250g，平均每千克体重为2.2g。

一、病因

猪食盐中毒是采食含盐分较多的饲料或饮水，如泔水、腌菜水、食堂残羹、酱渣等，或在配合饲料时误加过量的食盐或混合不均匀等而造成的。此外，饮水是否充足，对食盐中毒是否发生更具有绝对的影响。

二、临床症状

最急性型：肌肉震颤，阵发性惊厥，昏迷，倒地，2天内死亡。

急性型：饮水不足时，经过1~5天发病，临床上较为常见。临床症状为食欲减少，口渴，流涎，头碰撞物体，步态不稳，做转圈运动。大多数病例呈间歇性癫痫样神经症状（图6-15）。神经症状发作时，颈肌抽搐，不断咀嚼流涎，呈犬坐姿势，张口呼吸，皮肤黏膜发绀，发作间歇时，病猪可不呈现任何异常情况，1天内可反复发作无数次。

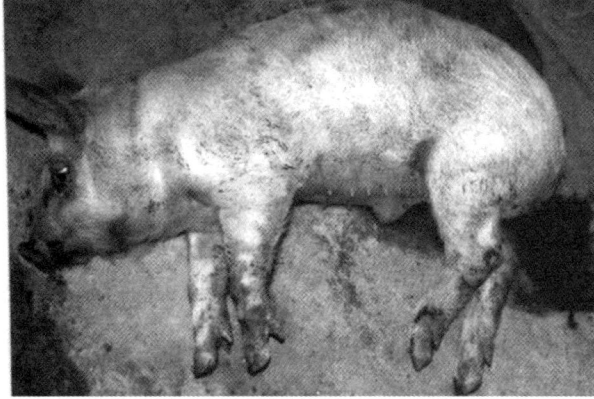

图6-15 病猪惊恐不安倒地

三、防治措施

平时加强饲养管理，饲喂与生长、发育和生产相适应的全价日粮并合理搭配其他饲料，但要限喂含食盐较多的泔水、残渣等，供应充足的清洁饮水。

发现食盐中毒病猪，应采取如下措施：立刻停喂含盐量过高的饲料，改喂稀面糊并给喂充足饮水，同时耳尖、尾尖放血；用1%硫酸铜50～100mL内服催吐后，内服粘浆剂及油类泻剂50～100mL；必要时皮下注射10%安钠咖注射液5～10mL，以加强心脏作用。

第七章 运动和被皮系统疾病类症鉴别与防治

第一节 蹄 病

一、病因

猪常见的蹄病有蹄冠化脓、腐蹄、蹄裂等，多是圈舍卫生状况不良、地面破损不修、消毒药使用不合理、外伤等引起。

二、临床症状

该病主要特征为跛行。蹄底裂开处稍肿胀，疼痛（图7-1），有时有出血，有的蹄壳角质软化，腐臭，蹄变形，有的蹄冠处化脓。

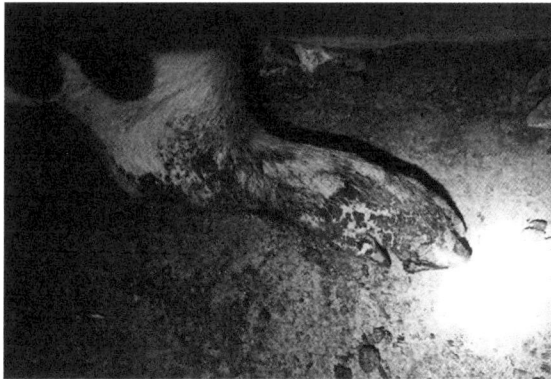

图7-1 蹄壳裂开、疼痛

三、诊断

根据临床症状一般即可确诊。

四、防治措施

保持栏舍清洁，防止蹄部受伤。裂蹄时用温水洗去污物，再涂上松馏油1份及蓖麻油或植物油9份的油剂；腐蹄用小刀挖除腐烂角质，排出腐败液及坏死组织，冲洗后用碘酒消毒，撒入少量的硫酸铜粉末，再涂上1%鱼石脂软膏；蹄冠化脓时，切开排脓，用淡食盐水或0.1%~0.5%高锰酸钾水冲洗后，撒上一些明矾和食盐或磺胺结晶粉。

第二节 关节炎

一、病因

关节炎是指一个或多个关节的关节内组织发生炎症。猪关节炎是生猪养殖中常见的临床症状，引起猪关节炎的病因主要有外科损伤、营养不足、风寒风湿侵袭、致病菌感染等，其中致病菌感染性疾病常由猪链球菌病、副猪嗜血杆菌病、猪丹毒、猪支原体病四种常见疾病引起。

二、临床症状

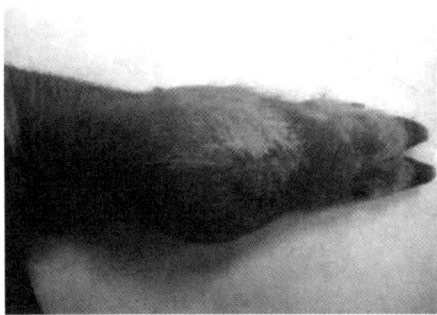

图7-2 关节肿大（引自江斌）

关节炎型猪链球菌病临床表现为病猪的一肢或几肢关节肿胀（图7-2）、疼痛、跛行，严重者不能站立，有的后肢瘫痪，卧地不起，触诊关节局部初期坚硬、温度升高，后期变软，触之有波动感，针刺流脓，有时伤口破溃后脓汁自动流出，少数病猪关节变硬，关节处皮肤增厚，病程为2~3周。关节周围皮下胶样水肿，关节腔积液浑浊，有纤维素性渗出物，有的为黄白色奶酪样块状物（图7-3），严重者关节软骨坏死。慢性病例关节腔内有黄色胶陈样、纤维素性或脓性渗出物，淋巴结脓肿。部分病例出现心肌炎，心包与心肌粘连，心瓣膜上出现菜花样赘生物。

副猪嗜血杆菌病多呈继发感染和混合感染，缺乏特征性症状。一般病猪表现为体温升高、食欲不佳、精神沉郁、关节肿胀（图7-4）、疼痛，一侧跛行。病猪侧卧或颤抖，共济失调，逐渐消瘦，被毛粗糙，出现腹式呼吸，可视黏膜发绀。

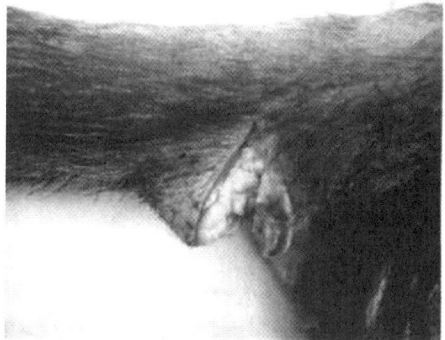

图7-3　关节内奶酪样块状物（引自江斌）

猪丹毒引起的关节炎急性型常躺卧地上，不愿走动，行走时步态僵硬或跛行。慢性型多由急性型病猪不死后转变而来，也有原发性的，可见四肢关节肿胀、变形、疼痛、跛行，全身僵硬、不愿活动或卧地不起。剖检可见初期为浆液纤维素性关节炎，关节囊肿大、变厚，充满大量浆液纤维素性渗出物，呈现黄色或红色，稍混浊。因肉芽组织增生，渗出的纤维素被机化，致滑液膜呈绒毛状。

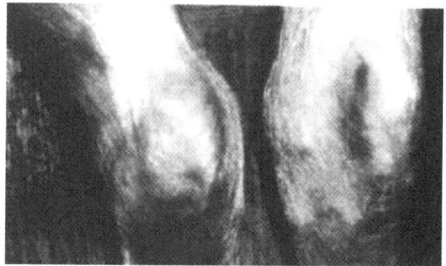

图7-4　跗关节肿胀（引自王泽岩）

猪支原体病引起的关节炎，一般的猪感染后第3天或第4天时被毛粗乱，第4天左右体温升高，但很少超过40.6℃，其病程不规律，经历5~6天后可能平息下来，但几天内又复发。病猪食欲明显减少，许多病猪出现的一个特殊动作是首次骚扰时过度伸展动作，试图减轻多发性浆膜炎造成的刺激。急性症状表现为被毛粗乱、中度发热、精神沉郁、食欲不振、行走困难、腹部触痛、跛行及关节肿胀等。剖检可见，急性期的病变为纤维蛋白性浆液及脓性纤维蛋白性心包炎、胸膜炎和程度较轻的腹膜炎，关节表现为滑膜充血、肿胀，滑液中有血液和血清，数量明显增加。亚急性病变为浆膜云雾状化，纤维素性粘连并增厚。

三、诊断

通过对病猪的临床症状表现、病理解剖、实验室检查等结果进行详尽分析后进行确诊。

四、防治措施

猪链球菌病：在治疗本病时，应根据不同的病型进行相应治疗。化脓性淋巴结炎型可将肿胀部位切开，排出脓汁，用高锰酸钾溶液冲洗后，涂以碘酊，几天可愈。急性型病例早期使用抗生素或磺胺类药物疗效较好。

副猪嗜血杆菌病：大多数的副猪嗜血杆菌病对氨苄西林、氟喹诺酮类、头孢菌素、四环素、庆大霉素和增效磺胺类药物敏感，对红霉素、壮观霉素和林可霉素有抵抗力。预防本病可使用副猪嗜血杆菌病灭活苗，母猪接种后可对4周龄以内的仔猪产生免疫力。

猪丹毒：仔猪55～60日龄免疫接种丹毒菌苗，种猪每间隔6个月免疫1次，一般在春、秋季节。目前药物治疗本病主要使用青霉素效果最好，其次是头孢菌素、土霉素和四环素。

猪支原体病：预防可用猪喘气病灭活苗进行免疫接种。治疗中常用的药物有土霉素、卡那霉素、喹诺酮类和大环内酯类抗生素等，都有较好的疗效。

第三节 风湿病

风湿病是一种反复发作的急性或慢性非化脓性炎症，以胶原纤维发生纤维素样变性为特征。它是主要侵害猪的背腰、四肢的肌肉和关节，同时也侵害蹄和心脏以及其他组织器官的全身性疾病，临床上以猪关节及其周围肌肉组织发炎、萎缩为特征。在寒冷地区和冬季发病率高。

一、病因

本病的病因和发病机制迄今尚无定论，一般认为是一种由抗原–抗体反应所致的变态反应性炎症。这种变态反应主要是溶血性链球菌感染所引起的，也可能是由病毒所引起的。临床上机体受寒、受潮及猪舍贼风，夜卧寒冷之地，都是本病的诱因。

二、临床症状

往往突然发病，病猪肌肉疼痛，疼痛呈游走性，出现交替跛行，表现一肢或两肢跛行，早晨严重，下午症状减轻或消失，有时随着运动量的增加症状减轻或消失，四肢不能负重，喜欢卧地，病情严重的不能站立，强迫站立时四肢发抖，触诊局部肌肉疼痛，表面凹凸不平且发硬，温度升高，食欲减退或废绝，呼吸、心跳加快，听诊心脏有时能听到缩期杂音，若治疗不及时，容易转为慢性。当转为慢性时，关节滑膜及周围组织增生、肥厚，关节肿大且轮廓不清，活动范围变小，运动时关节强拘，病猪肌肉萎缩，体温一般正常。

三、诊断

根据病史和临床症状可做出初步诊断，确诊需要进行实验室检查。

四、防治措施

治疗原则：消除病因，加强护理，祛风除湿，解热镇痛，消除炎症。

应用大剂量的水杨酸制剂治疗风湿症，特别是对急性肌肉风湿症疗效较高，而对慢性风湿症疗效较差，10%水杨酸钠溶液20~50mL，5%葡萄糖溶液30~60mL，静脉注射，每日1次，连用5~7天。也可内服水杨酸钠片剂（25mg）或胶囊剂（含25mg），每千克体重2mg，或30%安乃近5~10mL，进行皮下或肌肉注射，每天2次。

皮质激素类药物对风湿病有一定的疗效，临床上常用的地塞米松磷酸钠注射液，每次2~5mg，肌肉或静脉注射，每日1次，连用3~5天，妊娠母猪禁用。醋酸氢化可的松注射液5~10mL，肌肉注射，或2~4mL关节腔内注射；也可应用中草药如独活寄生汤或九味羌活汤等。

第四节　湿　疹

湿疹是皮肤表层组织的一种炎症，以出现红斑、丘疹、小结节、水疱、脓疱和结痂等皮肤损害为特征。

一、病因

病因常与变态反应有关。动物体的过敏性体质属于内在性因素，包括营养不良、矿物质元素代谢紊乱和维生素缺乏以及内分泌失调等，在致病过程中起主导作用。致敏因子（变应原）属于外界因素，包括强酸、强碱药物，温热、寒冷与潮湿，摩擦、啃咬与压迫，吸血昆虫叮咬和微生物感染等。此病多发于5~6月份。育肥猪、瘦弱猪易发病。

二、临床症状

急性湿疹：急性湿疹取定型经过，可分为红斑期、丘疹期、水疱期、脓疱期、糜烂期、结痂期和磷屑期。育肥猪、仔猪易发病。发病迅速，病程为15～25天，个别的可达30天。病症最初体现在耳根部、面部，以后在颈部、胸部、腹部两侧及股内侧等部位，甚至全身的皮肤上，出现粟粒大至豌豆大的丘疹、小水疱、小脓疱。病猪瘙痒，摩擦，疹块、水疱、脓疱破溃后流出血样黏液或脓汁，干燥后于破溃处形成黄色或黑色痂皮。病猪精神不振，食欲减退，消化不良，消瘦。

慢性湿疹：急性湿疹可因病程延长或反复发作而演变为慢性湿疹，多见于营养不良、体质瘦弱的育肥猪和母猪，病程为1～2个月，有的可达3个月。病猪精神倦怠，皮肤增厚、浸润、粗糙、色素沉着和苔藓化。慢性湿疹可继发皮炎。

三、诊断

根据典型湿疹具有对称分布、剧烈瘙痒和反复发作等病症即可进行诊断。

四、防治措施

治疗原则：祛除病因，防止感染，抑制渗出，脱敏，促进角化上皮溶解和剥脱。

急性湿疹：首先选用0.1%高锰酸钾溶液，洗净脓血、痂皮，然后用将薄荷脑1g、氧化锌20g、凡士林200g制成的软膏涂布患处，或用苯海拉明0.04～0.06g肌肉注射，或在患部用2%明矾水洗净，涂布紫药水或消炎软膏。

慢性湿疹：除上述治疗方法外，还可同时静脉注射10%氯化钙或氯化钙溴化钠注射液，应用抗组织胺制剂（如氯苯那敏、异丙嗪）及肾上腺皮质激素等。

第五节 荨麻疹

荨麻疹是在内外过敏原作用下皮肤组织血管渗出液增多的一种过敏性疾病，以局限性疹块、突发及迅速为特征。

一、病因

原发性因素见于昆虫的叮咬，采食荨麻、石炭酸、松节油药物刺激，以及遭受寒风侵袭等。继发性因素主要见于采食霉败饲料，患有胃肠道疾病、寄生虫病，应用血清及某些抗生素等。

二、临床症状

本病的病程短，一般突然发病，很快消失。其特征是颈部、胸侧、臀部、股内侧等部位皮肤突然出现淡红色或红色黄豆大至核桃大扁平状疹块（图7-5），界限明显，质地较软，在短时间内蔓延全身，常迅速消散，且易反复发生，痊愈不留痕迹，伴有奇痒，重症病例出现精神沉郁、食欲减退、体温升高（荨麻疹热）等症状。

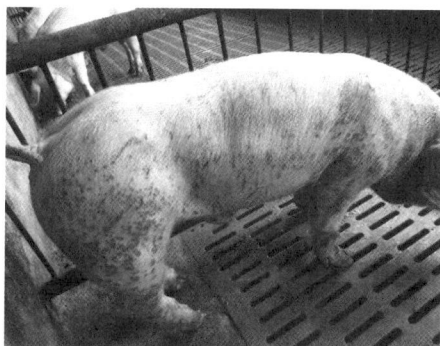

图7-5　皮肤荨麻疹

三、诊断

根据病史和症状即可确诊。

四、防治措施

10%氯化钙20～30mL，缓慢静脉注射，局部涂擦醋酸溶液、水杨酸酒精合剂等。氯苯那敏片剂，每次内服6mg，针剂，每次肌肉注射20～60mg；维生素C 0.2～0.5g，一次肌肉注射。缓泻剂可用人工盐150g，一次内服，或硫酸钠50～100g，一次内服。

中草药治疗：薄荷10g、柴胡10g、双花12g、连翘10g、桔梗10g、川芎10g、防风8g、黄芩10g、栀子10g、黄芪10g、甘草6g，水煎服，亦可研末开水冲服。

第六节　猪渗出性皮炎

一、病因

猪渗出性皮炎是由表皮葡萄球菌引起的一种接触性传染病，多见于7～30日龄的仔猪，发病率10%～90%，病死率5%～90%，一般为20%～25%。临床上以渗出性坏死性表皮炎症为特征，具有高度传染性，可通过口、鼻、皮肤接触感染。

二、症状

该病根据病程可分为最急性、急性、亚急性，最急性3~4天，急性4~8天，亚急性2~3周或更长。

病初精神欠佳、无神，皮肤反应迟钝、瘙痒，随之精神沉郁，食欲废绝，眼周围和胸腹部皮肤充血，潮湿，皮毛无光泽，脱屑，皮肤覆盖有大量血清样的黏性分泌物，呈油脂性痂皮，棕红色斑点，并有恶臭，裂口流出分泌物（图7-6、图7-7）。鼻盘、舌上、蹄冠、蹄踵部形成水疱和糜烂，甚至蹄壳可脱落，行动强拘，跛行。眼周渗出液可致结膜炎、角膜炎，上下眼睑粘连。

图7-6　全身皮肤发炎、油腻、潮湿

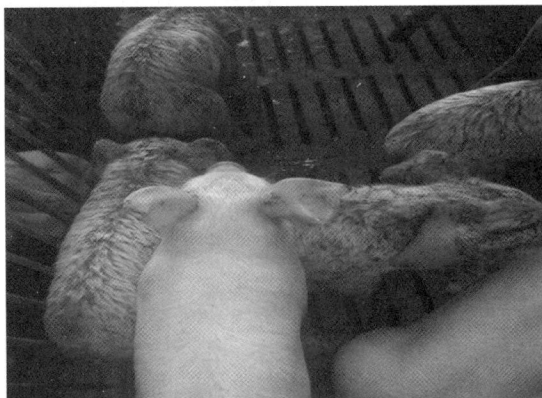

图7-7　全身皮肤出现大量黏性分泌物

剖检：真皮层水肿，角质层增厚，毛囊和皮脂腺炎症性变化。输尿管扩张，肾及输尿管积聚黏液样尿，肺充血和周围淋巴结发炎。

三、诊断

根据流行病学、临床症状、病理变化一般就能确诊，但还应结合实验室检查进行最后确诊。

四、防治措施

搞好猪舍、猪体的清洁卫生，一旦发现病猪应立即隔离并严格消毒，对病猪采用以下方法治疗：①用2%来苏儿液清洗患部，再用碘仿10g，碱式硝酸铋10g，鱼肝油30mL混合均匀后，涂布患处，每天1次，直至痊愈。②金霉素20～50mg/kg或土霉素20～50mg/kg，每天服3次，对患部刮除痂皮，涂布青霉素或磺胺软膏。

第七节　猪坏死杆菌病

坏死杆菌病是由坏死梭杆菌引起的多种哺乳动物和禽类共患的一种慢性传染病。临床上以组织发生坏死为特征，多见于皮肤、皮下组织和消化道黏膜，甚至在内脏形成转移性坏死灶。病原体是坏死梭杆菌。本菌为多形性杆菌，呈革兰氏阴性，在病灶内的细菌多呈长丝状，用复红亚甲蓝染色着色不均匀。本菌为严格厌氧菌，较难培养成功，对外界环境的抵抗力不强，在空气中干燥，经72小时死亡，日光直射8～10小时可被杀死，1%福尔马林、1%高锰酸钾溶液、4%醋酸（或食醋）等均可杀死本菌。除坏死梭杆菌外，结状拟杆菌、化脓放线菌、葡萄球菌等常起协同致病作用。

一、流行特点

坏死梭杆菌广泛存在于自然界的土壤内、沼泽地、死水坑、污泥塘等处，健康猪的肠道内，都有坏死梭杆菌存在。当皮肤或黏膜发生损伤时，即可感染发病。特别是猪互相咬架，饲养场污泥很深，场地有突出的尖锐物体时，最易发生本病。一般为散发，如果诱发疾病的因素很多，也可成批发生。多发生于多雨、潮湿及炎热季节。多见于猪收购场和猪集散地临时棚圈。

二、临床症状

病猪耳、颈部、体侧等处的皮肤发生坏死，以体表皮肤及皮下发生坏死和溃疡为特征（图7-8、图7-9）。

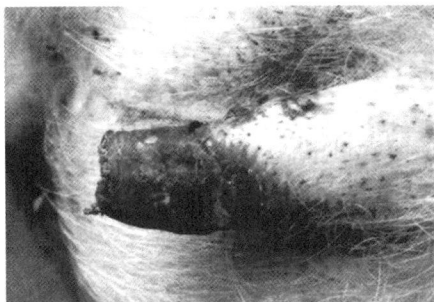

图7-8　仔猪尾部坏死（引自王泽岩）

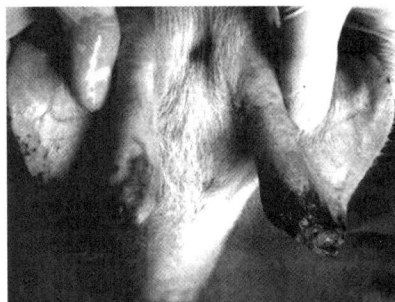

图7-9　猪耳朵坏死（引自王泽岩）

三、诊断

一般根据流行情况和临床症状可以确诊。

四、防治措施

预防本病要避免外伤，一旦发生要及时处理。发生本病后，要及时隔离和治疗，对场地、用具等消毒。治疗时，以局部治疗为主，配合全身治疗。局部治疗常用1%高锰酸钾液冲洗，然后用福尔马林、碘酊等进行涂布。病灶有转移迹象时，应注射抗生素如四环素、土霉素或磺胺类药物。

第八节　猪水疱病

猪水疱病是由猪水疱病病毒引起的一种急性、热性、接触性传染病。

一、流行病学

本病可感染不同年龄、品种的猪，一年四季均可发生，猪群高度密集、调运频繁的猪场传播较快。发病猪是主要的传染源，健康猪与病猪同圈24~45小时，病毒即可经破损的皮肤、消化道、呼吸道侵入猪体。本病主要通过接触感染，被病毒污染的饲料、垫草、运动场、用具及饲养员等均可造成本病的传播。

二、临床症状

自然感染潜伏期为2～5天。病初体温升高至40℃～42℃，蹄冠、趾间、蹄逐出现1个或几个黄豆至蚕豆大的水疱（图7-10），继而水疱融合扩大，1～2天后水疱破裂形成溃疡，露出鲜红的溃疡面，常围绕蹄冠皮肤和蹄壳之间裂开，疼痛加剧，随行明显。严重病例，由于继发细菌感染，局部化脓，造成蹄壳脱落，病猪卧地不起或呈犬坐姿势，食欲减退或废绝，精神沉郁。在蹄部发生水疱的同时，有的病猪鼻盘（图7-11）、口腔黏膜和哺乳母猪的乳头周围也出现水疱。有的病猪偶尔出现中枢神经紊乱症状（约占2%），表现为前冲、转圈、眼球转动、用具摩擦或用牙啃咬用具，个别的出现强直性痉挛。一般经10天左右可以自愈，但出生仔猪可能会死亡。

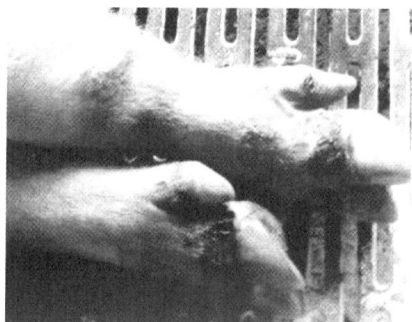

图7-10　蹄部皮肤形成水疱、溃疡
（引自白挨泉）

图7-11　鼻端水疱

三、鉴别诊断

本病在临床上与口蹄疫、猪水疱性口炎、猪水疱性疹和猪痘等病相似，从水疱上难以鉴别，诊断上一定要根据流行病学、临床症状和实验室检查结果，进行综合判断，这样才能避免造成更大的危害。

四、防治措施

控制本病的重要措施是防止将病毒带入非疫区，不从疫区调入猪只和猪肉产品。加强检疫、隔离和封锁。做好免疫预防工作。对猪舍、运猪和饲料的交通工具及饲养用具要经常进行消毒。

第九节　猪水疱性疹

猪水疱性疹是由水疱性口炎病毒引起的一种急性、热性传染病，其临床特征是口、蹄部发生水疱性炎症。破溃后形成溃疡，痊愈快，死亡率低。水疱性疹病毒呈多型性，至少有13个血清型，各血清型之间无交叉保护力。

猪水疱性疹病毒是小核糖核酸病毒科嵌杯样病毒属，病毒大致呈球形，在感染细胞内，病毒位于胞浆中，病毒对乙醚、氯仿有抵抗力，不耐pH3.0。

一、流行病学

病猪和带毒猪是主要的传染源，喂污染的泔水能使该病传播。自然情况下，该病毒只感染猪。

二、临床症状

本病的潜伏期一般为1～4天，人工口腔黏膜皮内接种病毒，经12～48小时，接种的部位出现原发性病变，72小时后有继发性病变出现。体温上升至40℃～42℃，随后病猪的鼻盘、唇、舌和口腔黏膜出现水疱，水疱内含有清亮的淡黄色液体。蹄部多为继发性水疱，多在趾间和蹄趾的末端，这时病猪有明显的跛行，多躺卧，如继发细菌感染，可使蹄壳脱落。病程为2～3周，死亡率很低。

三、病理变化

主要病变为在患部出现原发或继发性的水疱，特别是口腔黏膜、蹄部的水疱更具特征性。由于上皮受损，上皮细胞核崩解或皱缩。病变部有的局部坏死，病变周围细胞变性、水肿，有的皮下组织充血，真皮层有大量多形核白细胞浸润。

四、鉴别诊断

本病的症状与口蹄疫有相似之处，因此，临床症状不能作为唯一的诊断依据，需要进行实验室诊断。实验室诊断方法首先将病毒分离，从高温期病猪的水疱中采取水疱皮，放在pH7.4的50%甘油盐水中保存；再磨碎，加适量稀释液；最后接种动物。或无菌采取水疱液，作补体结合试验和ELISA，检查病毒抗原。

五、防治措施

一旦发生疫情，应立即施行封锁、隔离、消毒等综合防治措施。

第十节　猪　痘

猪痘是一种急性热性传染病。临床特征为皮肤和黏膜上发生痘疹，其病原体有两种：一种是猪痘病毒，仅能使猪发病；另一种是痘苗病毒，能使牛、猪等多种动物感染。两种病毒无交叉免疫性。痘病毒对干燥的抵抗力较强，在干燥的痂皮中能存活6～8周。常用的消毒药如0.5%福尔马林可使其灭活。

一、流行特点

猪痘常发生于仔猪和小猪，成年猪的抵抗力较强，其他动物不感染。痘苗病毒引起的猪痘，各种年龄的猪均易感，呈地方性流行，此外还可感染乳牛、兔和豚鼠及猴子等动物。猪痘主要通过损伤的皮肤传染，在猪虱和其他吸血昆虫较多、卫生状况不良的猪场和猪舍，最易发生猪痘。由于痘病毒在干痂中能生存很长时间，随着猪场成猪不断地被新猪更替，猪痘病毒可以无限期地留存在猪群内。本病可发生在任何季节，但春秋天气阴冷多雨、猪舍潮湿污秽以及卫生差、营养不良等情况下比较流行，发病率高，但致死率不高。

二、临床症状

猪痘病毒感染的潜伏期为3～6天，痘苗病毒感染的潜伏期仅2～3天。病猪体温升高到41.3℃～41.8℃，精神不振，食欲减退，鼻黏膜、眼结膜潮红、肿胀，并有分泌物，分泌物多为黏液性或脓性。痘疹主要发生于下腹部和四肢少毛处，如四肢内侧、鼻盘、眼睑和面部皱褶处，有的也可发生于身体两侧和背部。痘疹开始为深红色的硬结节，突出于皮肤表面，略呈半球状，表面平整，见不到水疱期即转为脓疱，并很快结成棕黄色痂块，脱落后遗留白色斑块而痊愈，有的出现溃烂面，病程为10～15天。另外，也有的猪痘疹发生在口咽、气管和支气管等处，如果继发细菌感染，常可引起败血症，最终导致死亡。

本病多为良性经过，病死率不高，所以易被忽视，以致影响猪只的发育，但在饲养管理不善或继发感染时，尤其是仔猪病死率较高。

三、鉴别诊断

依据临床症状和流行情况，可以做出初步诊断，临床上还应与口蹄疫、猪水疱性口炎和猪水疱病进行鉴别诊断，见表7-1所列。

表7-1　猪痘病的鉴别诊断

病　名	症　状
口蹄疫	多发于春、秋、冬季，传播迅速。水疱多发生在唇、齿龈、口、乳房和蹄部，躯干不发生
猪水疱病	水疱主要发生在蹄部、口、鼻等处，躯干不发生
猪水疱性疹	水疱多发生在鼻镜、舌、蹄部，躯干不出现丘疹和水疱
猪水疱性口炎	水疱多发生在鼻端、口，躯干不发生
猪葡萄球菌病（渗出性皮炎）	多由创伤感染。病猪表现为呼吸急促、扎堆、呻吟、大量流涎和腹泻。水疱破溃后水疱液呈棕黄色

四、防治措施

发现本病应立即隔离、封锁，猪舍消毒，同时灭鼠、灭蚊、灭蝇、灭虱。

第十一节　猪虱病

猪虱是寄生在猪体表，以吸血为生的寄生虫。由猪虱引起的外寄生虫病称为猪虱病。

一、流行病学

本病主要的感染源是患病猪，主要通过直接接触感染健康猪，也可通过饲养工具、栏杆、隔墙等间接接触感染。

二、临床症状

猪虱可终生寄生于猪体表面，主要害生于耳基部、颈部、腹下和四肢内侧，多引起猪只不安、发痒，影响采食和休息。皮肤内出现小结节，甚至坏死。病猪找物体进行摩擦，皮肤损伤、脱毛，消瘦、发育不良（图7-12）。

三、诊断

本病诊断非常容易，只要在猪体表上发现虱、幼虱或卵即可确诊。

四、防治措施

保持通风良好，避免拥挤。对猪群进行定期检查。治疗时可用敌百虫、伊维菌素等药物。

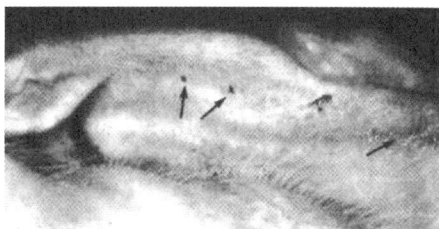

图7-12 猪虱（箭头所指为虱）
（引自 w. J. smith）

第十二节 猪皮肤真菌病

猪的皮肤真菌病是由多种皮肤致病真菌所引起的猪的皮肤病的总称。

一、流行病学

本病几乎可感染所有的家畜和野生哺乳动物，在猪群中主要通过接触而发生感染。垫草、饲料等都在本病的感染锁链中起到一定作用。

二、临床症状

病猪主要表现为头部、颈部、肩部出现大面积的发病区，有时也可在背部、腹部和四肢见到。中度瘙痒，不脱毛，病灶中度潮红、有小水疱。发病数天后，痂块之间产生灰棕色连成一片的皮屑性覆盖物（图7-13、图7-14）。

三、鉴别诊断

这类病有比较明显的临床症状，一般根据流行病学、临床症状和病理变化即可做出诊断。若确诊，还需结合实验室检查。

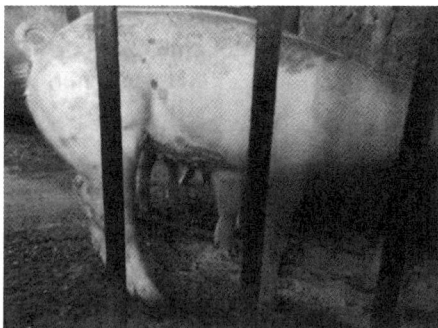

图7-13 皮肤丘疹
（引自孙锡斌等）

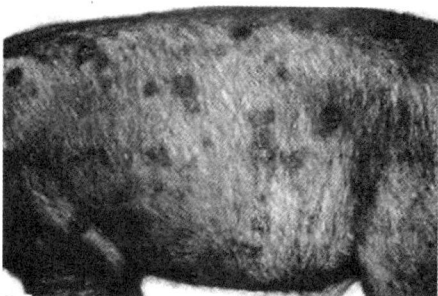

图7-14 皮肤干燥，呈松树皮状无痒症
（引自孙锡斌等）

四、防治措施

平时应注意饲养管理，提高猪只的抵抗力，给幼畜补饲维生素A可起到一定的作用。一旦发现本病，应及时隔离治疗，对猪舍和用具等进行严格消毒，可用硫酸铜等溶液每天涂敷，直至痊愈。

第十三节 猪疥螨病

一、流行特点

猪疥螨病是猪最常见的体外寄生虫病，主要是通过病猪与健康猪的直接接触，或与被螨及其卵污染的圈舍、垫草和饲养用具直接接触而感染。小猪有挤压成堆的习惯，也是造成该病传播迅速的原因。此外，猪舍潮湿、阴暗和营养不良也是诱发猪疥螨病传播的重要原因。不同年龄和品种猪都可感染。以冬、春季节光照不充足时发生最严重，管理差、抵抗力差、营养不良（瘦弱）的猪病情严重。

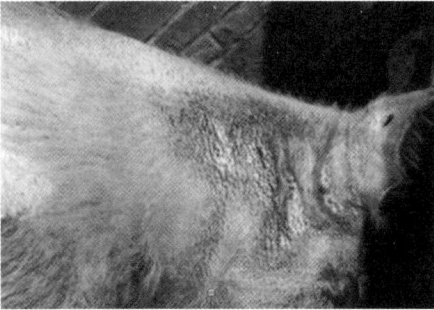

图7-15 病猪耳根、耳后部结痂

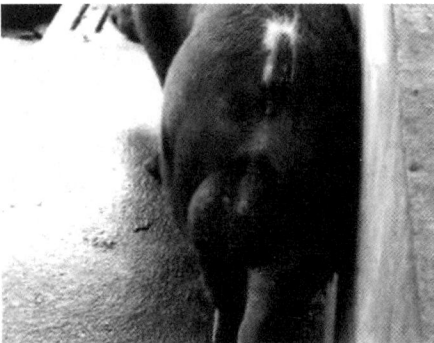

图7-16 病猪以身体摩擦墙壁
（引自江斌）

二、临床症状

猪疥螨病常发生在头部，特别是围绕着眼部和耳部，以后逐渐延至背部、腹下、四肢（图7-15）。病初患部可出现剧痒，病猪常在墙角、栏杆等处摩擦（图7-16）。大约经过7天，患部皮肤出现针头大小的红色丘疹，并续发形成脓疱，脓疱因摩擦而破溃、结痂，久之皮肤干燥、龟裂。

三、鉴别诊断

猪疥螨病极易与湿疹混同，可依据典型的临床症状确诊，必要时可选择患病部位皮肤与健康皮肤交界处的癣痂，用蘸有水、甘油或10%氢氧化钾溶液的小刀刮取，直接涂片，在低倍显微镜下检查。鉴别诊断见表7-2所列。

表7-2　猪疥螨病的鉴别诊断

病 名	症 状
坏死杆菌病	多发于体侧、臀部皮肤，破溃后流出灰黄色或灰棕色恶臭液体
猪虱	在下颌、颈下、腋间、内股部皮肤增厚，可找到猪虱
皮炎肾病综合征	主要感染12~14周龄的猪群，皮肤出现红紫色丘状斑点，由病程进展被黑色痂覆盖，然后消失留下瘢痕
水疱性疹	地方性流行或散发。有时在腕前、跗前皮肤出现较大水疱。用口蹄疫血清不能保护
猪痘	多发于春、秋潮湿季节。主要发生在躯干、下腹部和股内侧，先丘疹后转为水疱，表面平整、中央稍凹，呈脐状，蹄部水疱少见。剖检咽、气管等黏膜出现卡他性或出血性炎症
渗出性皮炎	主要通过损伤的皮肤和黏膜感染，以7~30日龄的仔猪多发，体温不高。病变首先发生在背部、颈部等无毛处
皮肤真菌病	病猪主要表现为头部、颈部、肩部出现大面积的发病区，中度瘙痒，不脱毛
猪疥螨病	主要发生在头顶、肩胛等体毛较少部位，特别是眼睛周围。患部发红，瘙痒

四、防治措施

搞好猪舍环境卫生，保持清洁、干燥、通风。引进猪只时，应隔离观察，防止引进病猪。发现病猪应立即隔离治疗，在治疗的同时，尤其应特别注意用0.5%敌百虫溶液或杀螨剂彻底消毒猪舍、用具和周边环境。治疗时可用敌百虫溶液喷雾、烟叶或烟梗涂搽患部，以及阿维菌素皮下注射等方法，都有很好的疗效。

参考文献

［1］ 王泽岩，赵建增. 猪病鉴别诊断与防治原色图谱［M］. 北京：金盾出版社，2008.

［2］ 徐世文，熊永忠. 猪病科学防治7日通［M］. 北京：中国农业出版社，2004.

［3］ 江斌，吴胜会，林琳，等. 新编猪病速诊快治［M］. 福州：福建科学技术出版社，2013.

［4］ 李彬，蔡鹏. 猪关节炎症状疾病的鉴别诊断［J］. 中国畜牧兽医文摘，2013，29（11）：138.

［5］ 吴世朋，曹婷，夏宗军，等. 引起猪关节炎常见疾病的鉴别要点［J］. 河南畜牧兽医（综合版），2018，39（6）：27-28.

［6］ 林长江. 几种猪皮肤病的防治［J］. 福建畜牧兽医，2017，39（01）：19-21.

［7］ 武治云. 猪常见皮肤病的病因、临床症状及防治措施［J］. 现代畜牧科技，2018（03）：72.

［8］ 沈国顺，杨敬. 猪病诊断与防治［M］. 沈阳：辽宁科学技术出版社，2003.

［9］ 蔺祥清，孟志敏. 猪病诊断与防治［M］. 石家庄：河北科学技术出版社，1999.

［10］ 曹国文，付利芝. 新猪病诊断与防治［M］. 北京：中国农业出版社，2007.

［11］ 王景海，朱国兴，李国勇，等. 流行病学调查结果在猪病诊断中的作用浅析［J］. 中国猪业，2008（3）：41-43.

［12］ 于萍，于晶华，李宽阁. 常见猪病病理变化的观察［J］. 养殖技术顾问，2013（2）：123.

［13］ 高鹏. 猪病的实验室诊断技术［J］. 中国动物保健，2016，18（4）：51-52.

［14］ 梁学勇. 动物传染病［M］. 重庆：重庆大学出版社，2007.

［15］周伦江，王隆柏.猪病诊治实用技术［M］.北京：中国科学技术出版社，2018.

［16］蒋安文，吴顺祥，詹兴中.动物疫病防控技术［M］.银川：宁夏少年儿童出版社，2010.

［17］潘耀谦.猪病诊治彩色图谱［M］.北京：中国农业出版社，2004.

［18］宣长和，马春全，汤广志，等.猪病类症鉴别诊断与防治彩色图谱［M］.北京：中国农业科学技术出版社，2011.

［19］江斌，吴胜会，林琳，等.猪病诊治图谱［M］.福州：福建科学技术出版社，2015.

［20］刘富来，白挨泉.猪病诊治图谱［M］.广州：广东科技出版社，2009.